図解

眠れなくなるほど面白い

量子の話

京都大学化学研究所
久富 隆佑
国際基督教大学
やまざき れきしゅう

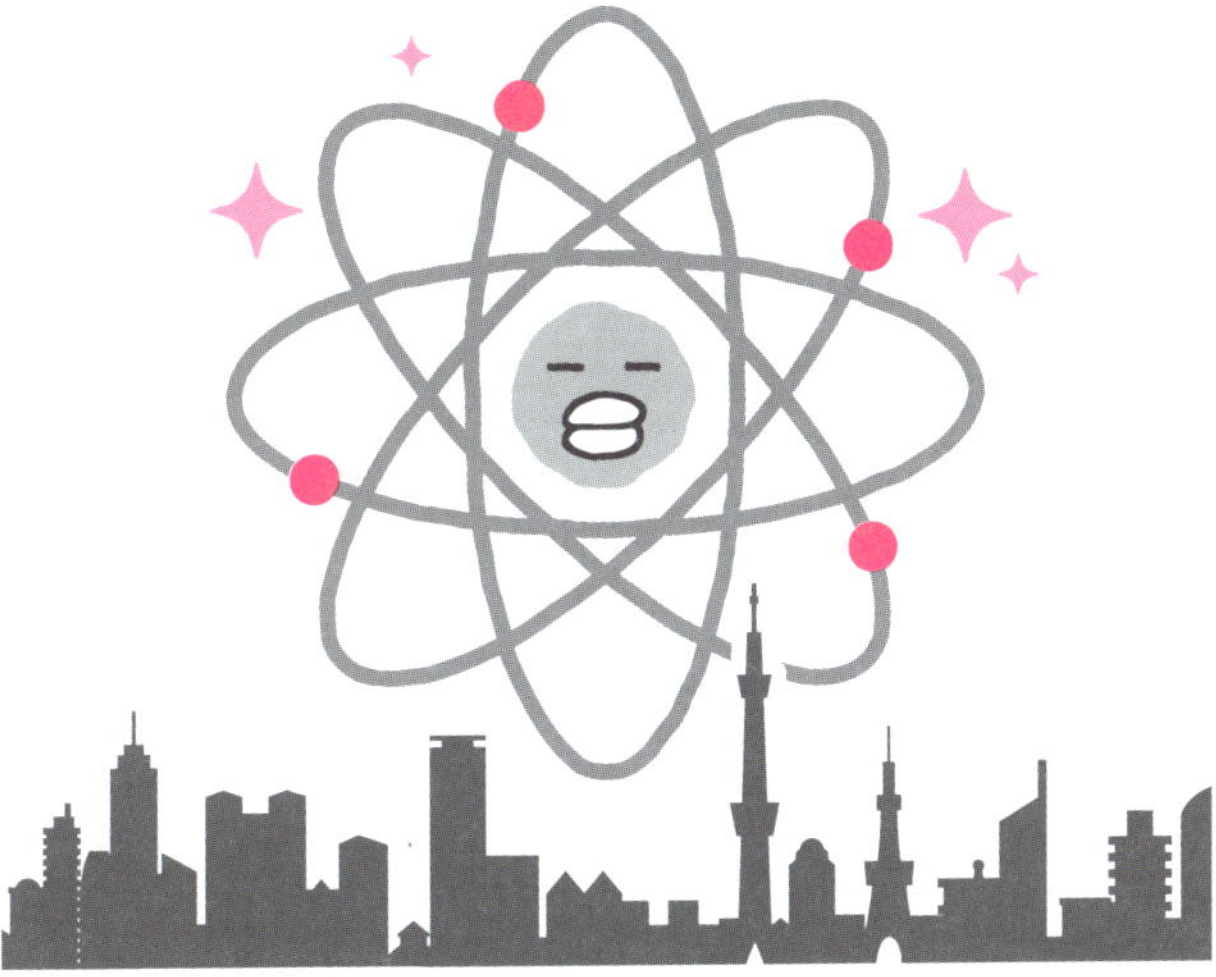

JN205951

日本文芸社

はじめに

量子力学という言葉を聞くとたぶん多くの人が、「理解するのがかなりむずかしそうだ」という印象を持つのではないでしょうか。確かに量子力学をきちんと使いこなすには数学や専門的な物理を理解している必要があります。

一方、物理学者が量子力学をちゃんと理解しているかというと（COLUMN②参照）正直そうでもないのです。では、わたしたちプロの量子物理学者と一般の人を隔てる壁とは何かというと、

「この世の中には直感的に理解できないことがある」

という**ことをわたしたちは全面的に受け入れている**のです。しかも、それはネガティブな「自分には理解できないんだ……」と悲観的に受け入れることではなく、「そりゃ、わからないこともあるでしょう。相手は自然なんだし、喋ってくれないし」という無根拠の自信です。これができるとだいぶ霧が晴れてきます。「〝重ね合わせ〟でも、〝もつれ〟でも、〝シュレーディンガーの猫〟だか、〝ハイゼンベルグの犬〟だか知らないけど、なんでも来い」となります。

この**書物で筆者が望むことは、とりあえず楽しんでもらいたいということ**です。量子の世界はふしぎだらけで、頑張って直感的に理解しようとしても、すぐにわからなくなります。それは実はプロでも同じです。でも、その量子のふしぎをありのまま受け入れると、だんだん理解した気になってきます。そして「ああ、そういうことが起こってもいいね」という妙な寛容さ

が生まれてきます。量子のふしぎを体感する、そしてそれをありのままで楽しんでいただければと思います。

本書では狙いの序列を**「面白さ」＞「原理」＞「正確さ」に置いています。**専門家から見ると、多くのところで「これは正確ではない」といわれるかもしれませんが、時に正確性が欠けていてもその原理やおもしろさが伝わるほうが重要だと思っています。

量子テクノロジーの発展は著しく速く、**わたしたちの生活には「量子」というキーワードがこれからますます登場してくる**と思います。将来的に一般の人でもある程度の量子の知識が必要なときが来るかもしれません。しかし、わたしたちの目的は「量子を理解」してもらうことではありません。

量子力学はそのような応用がなかったとしても非常に魅力的な学問なのです。基本原理は実はとても単純なのですが、ただし、それらが生み出す数々のふしぎ、「もの」や「こと」の関係性、秩序、その小さい効果が生み出した大きな世界の景色、これらが自然の形をつくる、ある意味「最適な形」だというのを目の当たりにします。わたしたち量子物理学者はその景色に心打たれます。

いままで研究者の中にしか披露されてこなかった**〝量子力学のふしぎさ〟**や、その**〝原理が織りなす世界の美しさ〟**が、新しい視点をみなさんに提供し、日々の生活を豊かにする何かのヒントになればと思っています。

2024年11月　筆者

眠れなくなるほど面白い 図解 量子の話

もくじ

PART1

ようこそ！ 量子の世界へ

PART2
量子力学が未来を照らす

PART3

古典物理学から量子物理学へ、その歴史

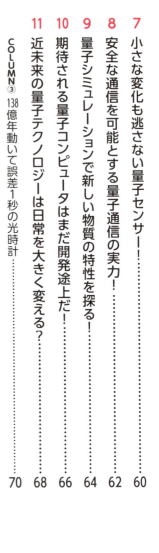

PART4
物理の扉を開いてみたら

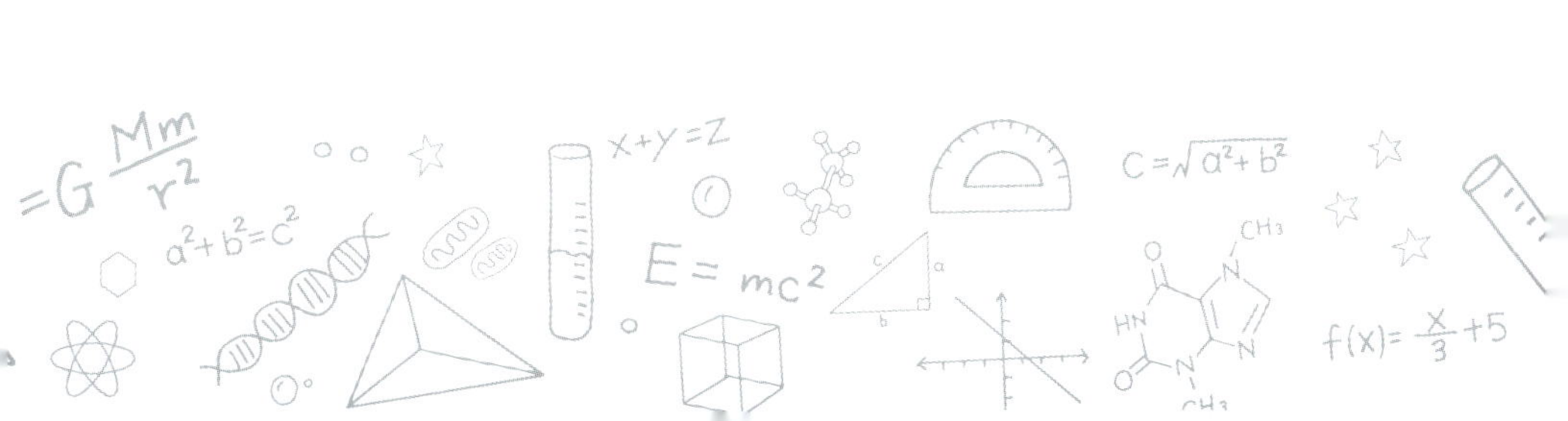

※本書内で出典明記のない写真はpublic domainです。

PART 1

ようこそ！量子の世界へ

1 小さな量子の世界への旅

わたしたちが〝旅〟と呼んでいるものを物理的に捉えると、地球の表面に沿って**「横方向」**に動いていくことですね。海を超えてどんどん横に移動すると別の国に着くわけです。

　では、変わった方向として、**「大きい方向」**に移動してみます。大きい方向とは、自分の住む建物から街の景色が一変し、日本、地球、太陽系、銀河という方向に進む旅のことです。そうして移動し続けると、「天の川銀河」全体が見えるところに到達します。銀河はちょっと目玉焼きみたいな形です。この大きさから見るとわたしたちはまったく見えず、太陽でさえ小さ過ぎて見えるかどうか。

　今度は、逆にズームインして**「小さい方向」**への移動です。まずは元通りの大きさに戻り、それから自分の手の中に飛び込みます。そこには皮膚があって、つぎに細胞、ミトコンドリアを経由して分子や原子が見えてきました。何やら原子の中にもまだ細かいものがありそうなので、もう少し小さい方向に移動することもできそうです。

　ここが初めの目的地。遠いところではなく、すぐそこにある世界です。わたしたちの**体の中にも存在するごくごく小さい世界、ここそが「量子の世界」**。**そこに住む分子や原子がこの本のメインキャラクターの「量子」**です。**大きさは1mの1000分の1の1000分の1の、さらに1000分の1くらい**の大きさで10億分の1m。**10億分の1という大きさは、日本列島に比べた米粒よりもさらに小さい**。ですから、ものすごく小さいことがわかるはず。

　果たしてこの量子の世界の住人は何者なのでしょう？　ここではどんな日常があるのでしょ

量子の世界への旅

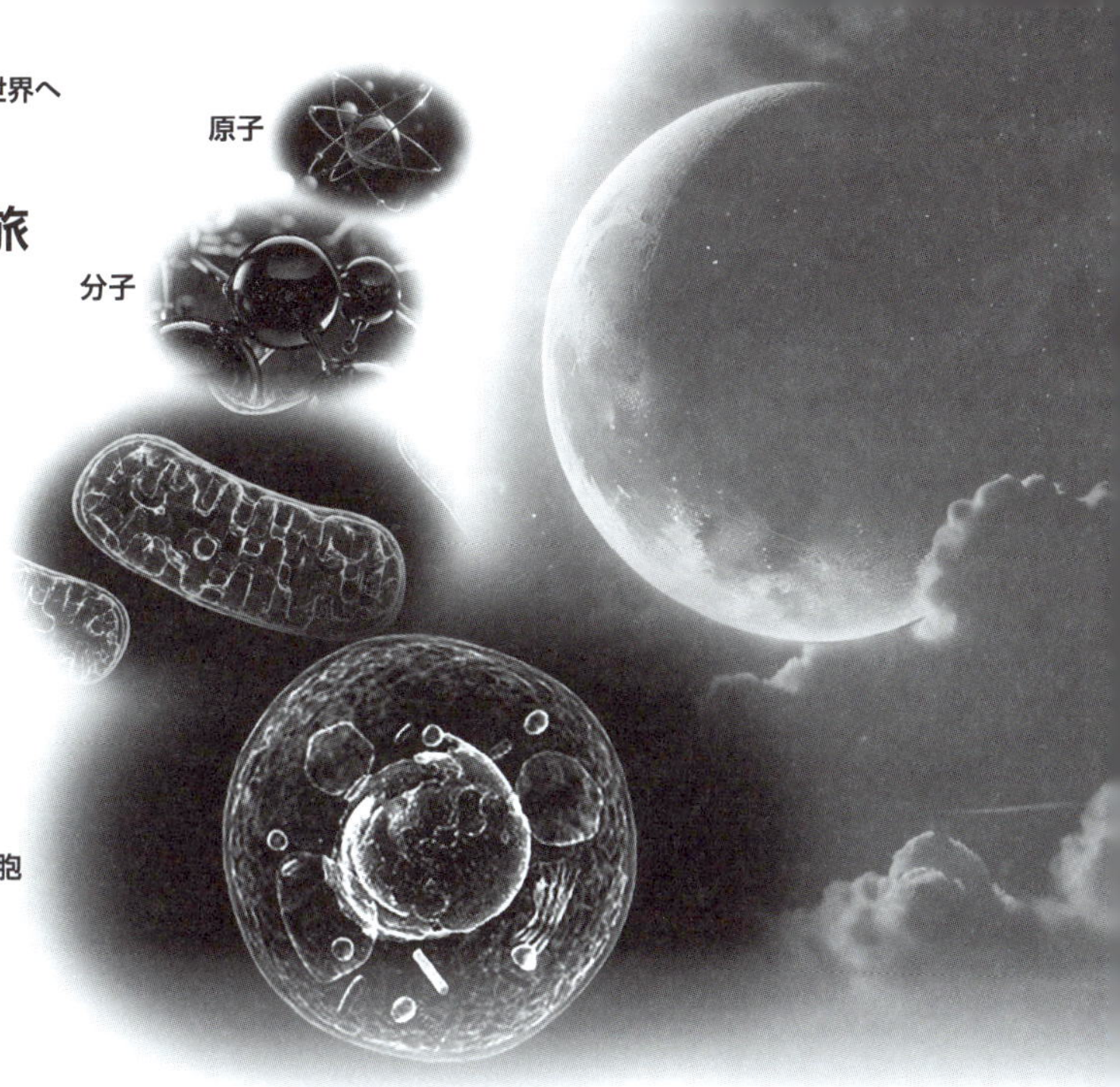

う？

では、量子の世界がどのようにできているのかを探る旅へと出発しましょう！

みなさんは夏休みやお正月などに旅に出ることがあるでしょう。異なる国に行くと言葉も食事も、そして文化全体が自分の国とは違い、びっくりするとともにワクワクするかもしれないね。ふだん自分が使っているものとのギャップが想像を超えて大きいとき、たとえばトイレがまったく別のシステムだったり、食材や味付けが全然違う料理が出てきたりとその異世界は刺激に満ちていると思うよ。これこそ旅の醍醐味。量子の世界への旅も、これまでの物理学とは異なるまったく別の旅となるはずだ。きっと常識を超えた世界に興味津々《きょうみしんしん》となるのでは？

1mに対する原子の大きさは、日本列島に対する米粒よりも小さい。

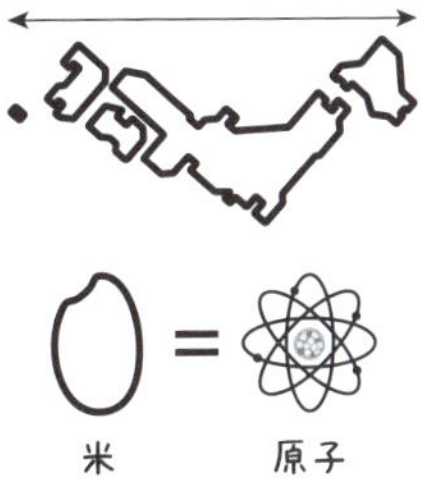

2 量子力学は小さな世界のふしぎを書いたルールブック！

小さな量子の世界にはたくさんの住人がいます。わたしたちの**体や物質はすべて原子でできていて、原子の中には電子や陽子や中性子が住んでいます。原子がつながると分子になります**が、**これらはみな量子**です。それ以外にも**「光」は量子の世界で「光子《こうし》」と呼ばれ**たり、あまり聞き慣れない**クオークやニュートリノ、ミュー粒子、タウ粒子**といった名前のものもいます。これら多くの量子の名前には**「子」**が付いていますが、それには小さいという意味が込められています。

量子の世界では、物質が小さくなって極小世界の住人になっているだけではありません。**ここの日常はわたしたちの世界の日常と全然違う**のです。それは「物理の法則」が違うということです。

物理を高校などで習った人は、**「ニュートンの法則」**を聞いたことがあるかと思います。日常の中で起こる物理現象、たとえばボールが飛んでいって落ちてくる、ボールを壁にぶつけると跳ね返ってくる、タイヤが転がって摩擦で止まるなどの現象はニュートンの法則に従います。これらはニュートンの法則通りで当たり前に見えます。

ところが、わたしたちが生きている世界では「当たり前」だと思っていることが、量子の世界では当たり前ではありません。反対に量子の世界でふつうのことが、わたしたちの世界では「ふしぎ」にしか思えない現象がたくさんあります。この**小さな世界のふしぎを詳述したルールブック、それこそが「量子力学」と呼ばれる**ものです。

量子力学は1900年ごろから多くの物理学者の手によって記述されてきた、小さな世界のルールブックです。ルールブックには多くの聞き慣れない言葉が登場します。電子や原子などの量子の

小さな世界の住人、さまざまな量子たち

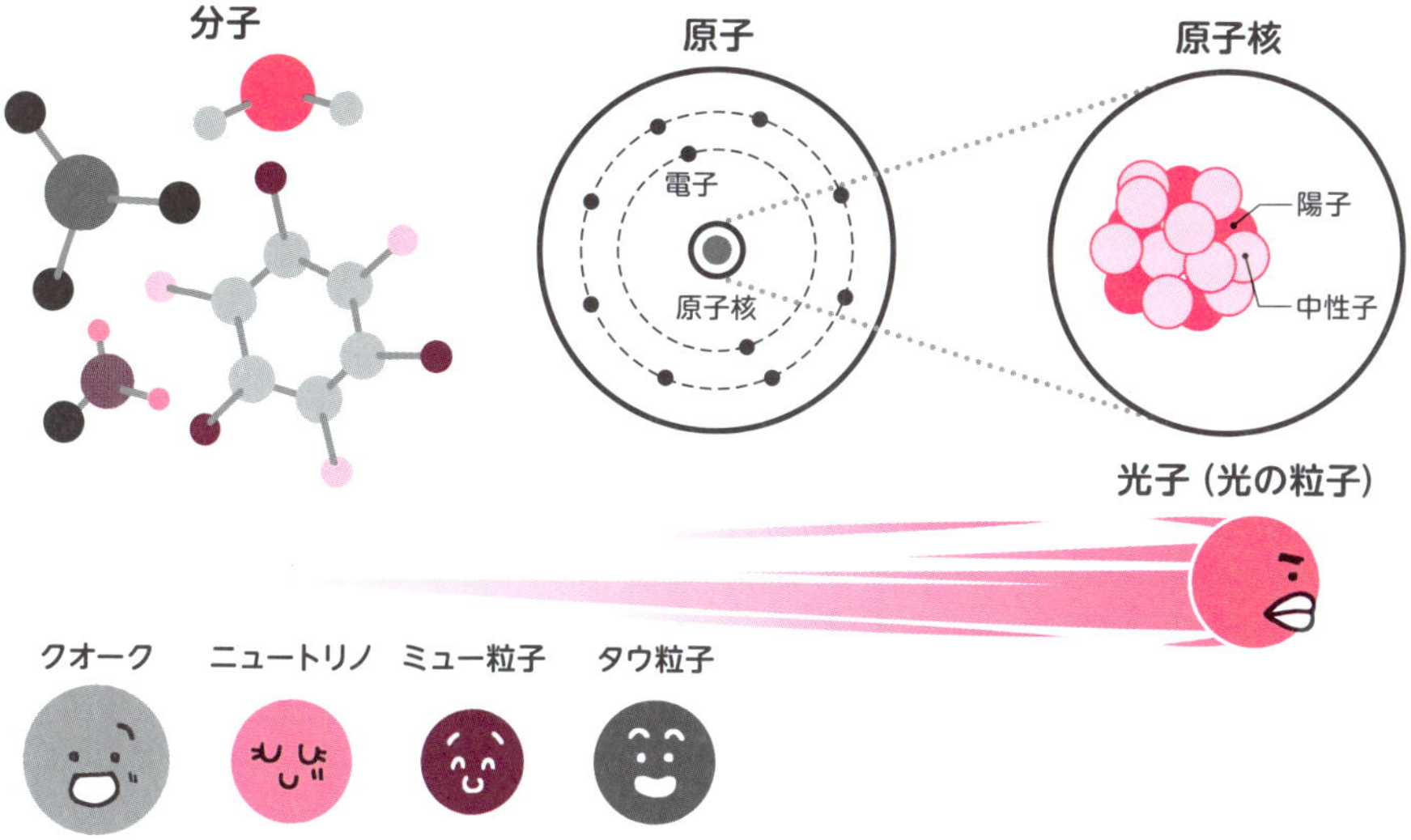

ふしぎな世界のルールブック ＝ 量子力学

名前もそうですが、**「重ね合わせの状態」「もつれ合った状態」「不確定性原理」「量子トンネリング」「量子テレポーテーション」**など、各種の法則やふしぎな現象がさまざま登場します。そんな**変わった日常のあるところが量子の世界**なのです。

量子の世界は「ニュートンの法則」とはまるで違う世界だよ。物質をつくっている原子、その原子をつくっている電子・陽子・中性子やニュートリノなどの素粒子も量子に含まれるんだね。サイズは前項で記したように1mの10億分の1。もしかするとそれよりも小さい世界もしれない。そんな世界ではニュートン力学は通用しない代わりに、想像を超えた「量子力学」の法則に従っているというんだ。

3 「重ね合わせの状態」を知るための量子フルーツづくり

ここでは量子の世界のふしぎなルールをいくつか紹介していきますが、まずは有名な**「重ね合わせの状態」**についてです。

まず、「とりあえず片手を上げてください」と指示します。そのときの手は右手？左手？のどちらですか。また、ジャンケンするときの手はグー？チョキ？パー？のどれを選びましたか。こうしたとき、手の様子がどうだったかということを**物理では「手の状態」**といいます。

では、量子の世界ではどのような手の状態が許されるのでしょうか。この世界では手を上げてというと、右手か左手の状態のほかに、右手と左手がぼやけて重なっているような状態が選べるのです。これが**「量子の手」で、「重ね合わせ状態」といわれる**ものです。この量子の手は右手の性質が半分、左手の性質が半分あるような手です。さらにその**混ぜ具合も変えられて、右手が9割で左手が1割といった状態もつくれます**。

重ね合わせるのは2つ以上のものでも大丈夫です。ジャンケンでいえば、1/3グー、1/3チョキ、1/3パーという状態もつくれます。もちろん混ぜ具合を変えて、ほぼほぼグーや、チョキとパーの半分半分というのもつくれます。

このように量子の世界では、わたしたちの世界ではふつう1つの状態でしかないものが、**いくつかの状態を重ね合わせたものがつくれます**。

つぎに**「量子フルーツ」**について考えてみましょう。仮にバナナとアップルがあるとします。その前提で「1個フルーツを出してください」と注文されると、わたしたちの世界ではバナナかアップルしかありませんから、どちらかを出すことになります。ところが、量子の世界では、**「バナナッ**

ジャンケンすると?

ふつうの手でジャンケンすると

ふつうの手なら左手か右手、もしくはグー、チョキ、パーが「手の状態」だ。

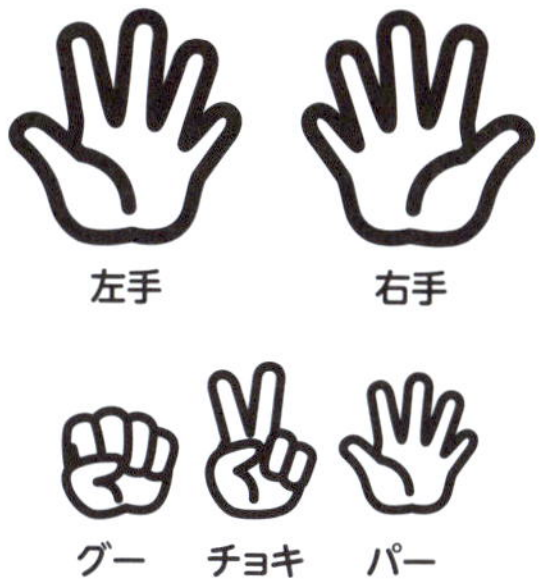

量子の手の重ね合わせ状態でジャンケンすると?

量子の重ね合わせ状態なら左右の手半分半分、3分の1ずつ、右手9割左手1割、チョキとパー半分半分も可能になる。

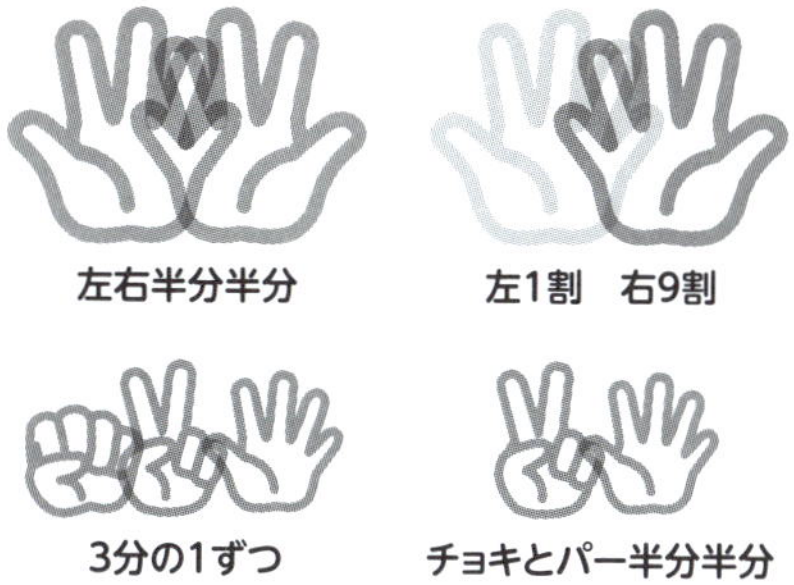

ふつうのフルーツと量子フルーツの違いとは?

実際のバナナとアップルは常に1個と1個だが、量子フルーツでは1個ずつにもなるし、重ね合わせの状態だとバナナとアップル半分半分の「バナップル」や「アナナ」とか、アップル7割とバナナ3割の「アップナ」にもなる。

ふつうのフルーツ

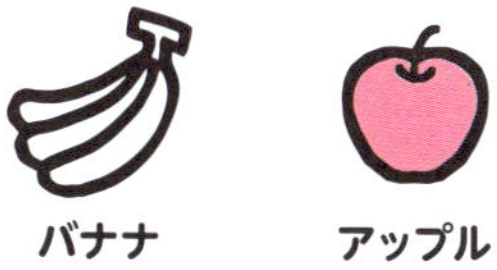

量子フルーツ（重ね合わせの状態）

などもOK！

プル」や**「アナナ」**のような、バナナとアップルが半分半分の状態のフルーツや、アップル7割＋バナナ3割の**「アップナ」**などもつくれてしまいます。**量子フルーツとは、「重ね合わせ」の状態が許された量子の世界のふしぎを表す例**というわけです。

4 量子フルーツを食べるとどうなるの？

ここでは、前項のバナナとアップルの性質が半分ずつ重ね合わさった**量子フルーツの「バナップル」を1個食べるとどうなるか**を考えてみます。ふつうなら2つのフルーツのミックスした味を予想しますが、**量子フルーツ**ではそうなりません。どういうわけか、**食べた瞬間、バナナかアップルかのどちらかになってしまいます**。バナナ、アップル、キウイのように、**3つのフルーツを重ね合わせたとしても、食べた瞬間にどれか1つ**のフルーツになってしまうのです。

さて、そこで「バナップルをかじったとき、どれくらいの確率でバナナ、もしくはアップルになるのか」と疑問を持つかもしれません。その問いに答えるヒントが**「混ぜ具合」**です。「バナップル」はバナナとアップルが半分半分なので、**100個食べると、ほぼ50回バナナ、50回アップル**になります。ただし、**100個のバナップルのどれがバナナやアップルになるのかは完全にくじ引きと一緒でランダム**です。時には3回くらい連続でバナナやアップルになったりしますが、トータルすると半分半分なのです。また、「アップナ」（アップル7割＋バナナ3割）を100個食べると、アップルが70個くらい、バナナが30本くらい出てくるわけです。

量子フルーツを「食べる」という行為は、「君はバナナなのかアップルなのか」というテストにもなっています。このように**正体を顕《あらわ》にする行為を専門用語で「測定」**といいます。**測定は、それまで「重ね合わせ」という量子の性質を持っていたものから、その性質を奪ってどれか1つに決めてしまう行為**なのです。

量子フルーツは、すごくデリケートです。少し

「バナップル」を食べるとどうなる？

1個食べると？

バナップルを食べてもアップルとバナナのミックスではなく、どちらか1つのフルーツになる。

100個食べると？

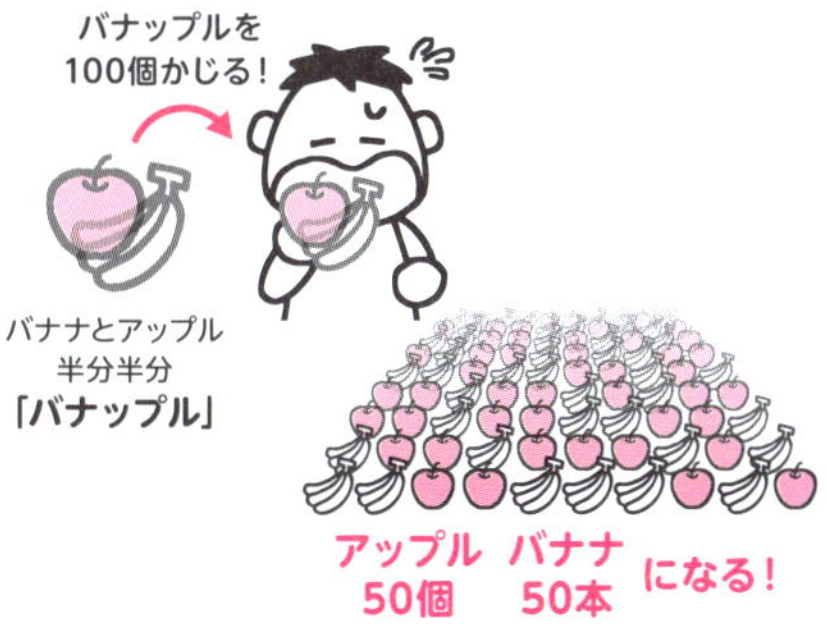

バナップルを100個食べると、ほぼバナナ50本とアップル50個になる。ただし、どちらになるかは規則性がなく、ランダムだ。

量子フルーツを食べる行為とは？

でもかじったり触ったりしてその正体を知ろうとすると、すぐに〝量子らしさ〟である重ね合わせを奪ってしまいます。**測定とは量子の世界のものを、わたしたちの世界に連れてくるような行為で**す。ですから、「バナップル」を食べると、どうしてもバナナかアップルかのどちらかになってしまうのです。

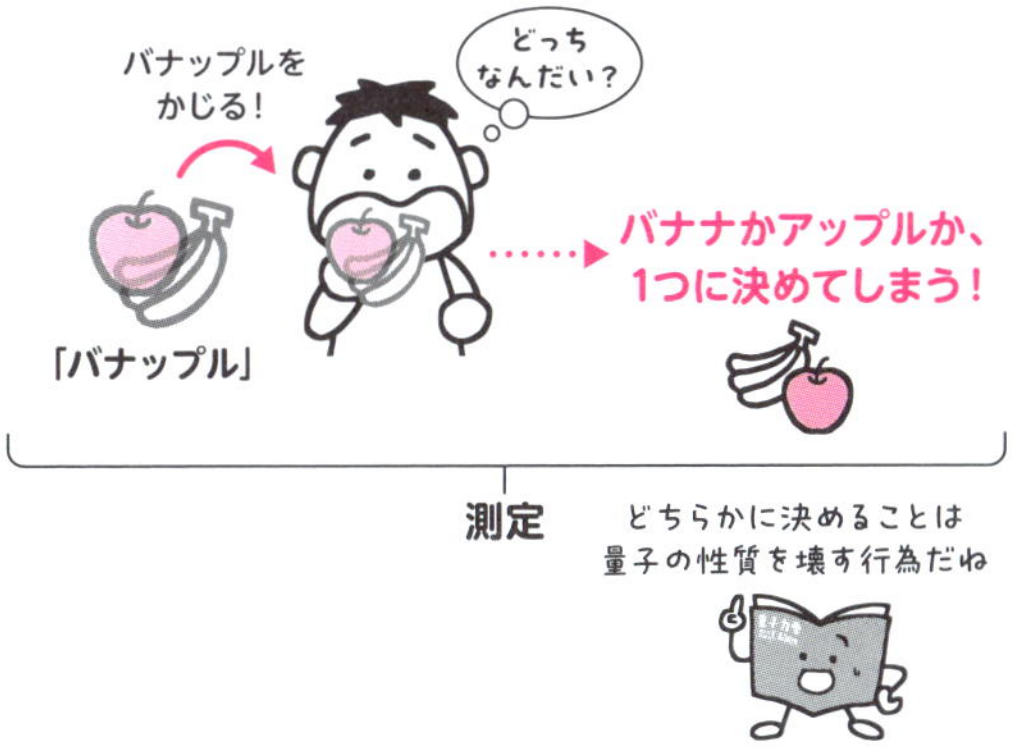

バナナかアップルか、どちらなのかを決める行為を「測定」という。これは「重ね合わせ状態」という量子の性質を奪って、日常の世界に引き戻す行為となる。

5 科学においては「神はサイコロを振らない！」

「量子フルーツを測定したらアップルかバナナになるかはランダムに決まるだって？　そんなふざけた話はない！」。量子フルーツの話を聞いたアインシュタインは激怒しました。アインシュタインは生涯、量子力学が不完全なものだと考えており、量子力学のいくつかの考え方に猛反発していました。確かにバナップルの話には少し魔法が入っているように見えるので、もう一度整理してみましょう。

バナップルをかじる（測定）とバナナかアップルのどちらかになる。100個かじるとだいたい50個がアップルになるが、アップルが出てくるタイミングはランダム。これが量子力学の考え方。

1つ目の疑問は、この「測定」です。かじられただけで変身するというのは、まるでバナップルが「かじられた！」と意思を持って反応したようです。またはバナップルの意思ではなく、超能力を持ったわたしたちが、重ね合わせのバナップルを、アップルかバナナに決めてしまうようにも思えるわけです。

2つ目の疑問は、アップルかバナナのどちらになるかは完全にランダムだということです。ランダム性というのは、物理学では通常あり得ないことです。たとえばニュートン力学を使うと、投げたボールの速度と方向がわかれば、そのあとどのように飛んでいくかが計算でき、同じ結果が毎回出るというのが物理学の本質です。なので、**ランダムに出てくるというのは物理の法則とはほど遠く、ただの気まぐれ**に見えます。アインシュタインは特にこの点について、**「神はサイコロを振らない！」という言葉を使って量子力学を痛烈に批判**しました。

「量子力学は不完全だ」と考えていたアインシュタインは、**「隠れた変数」**というアイデアを支持しました。わたしたちからは見えないこの「隠れた変数」には、「アップルになるかバナナになるかを決める原因がちゃんとあるのだけど、わたしたちが見つけられてないからランダムに見えてしまう」という主張です。

量子力学が正しいと信じていたニールス・ボーアは、アインシュタインと激論を交わします。彼らの議論は大きく反響を呼び、その結果、量子力学の発展に多大な貢献をしたのです。いまでは多くの実験で量子力学の正しさが示されていて、**ほとんどの物理学者がアインシュタインの疑問を理解しながらも、量子力学は間違っていない**と思っています。

アルベルト・アインシュタイン
（1879〜1955年）
ドイツ生まれ。特殊相対性理論や一般相対性理論などを提唱した理論物理学者。1921年ノーベル物理学賞受賞。

ニールス・ボーア
（1885〜1962年）
デンマーク生まれ。量子力学確立に貢献した理論物理学者。1922年ノーベル物理学賞受賞。

神はサイコロを振らない！

物理学では ランダム性はあり得ない？

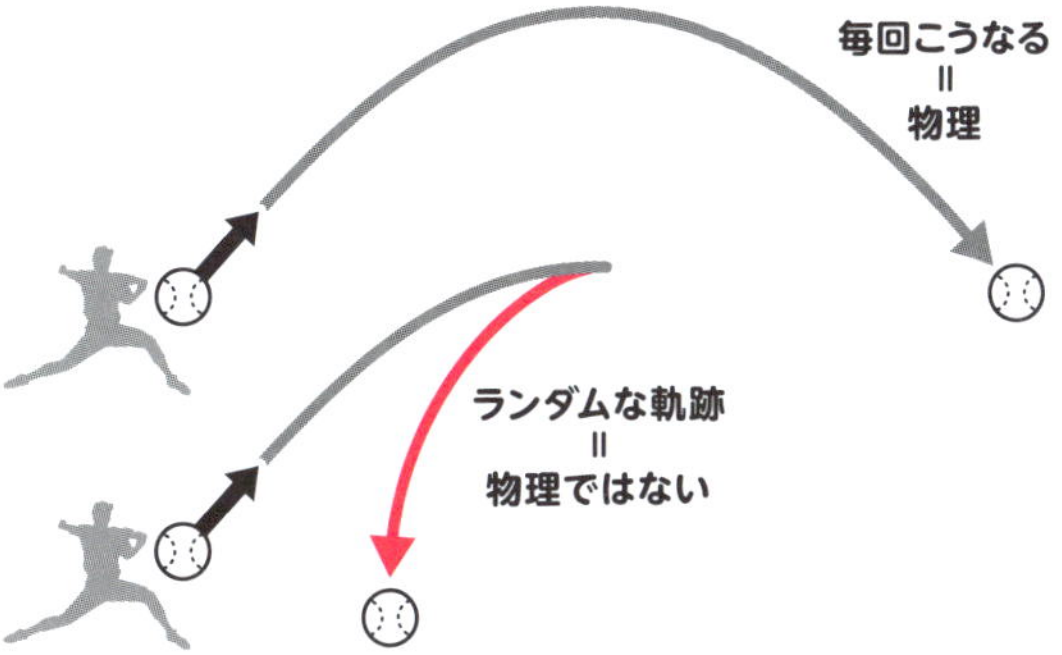

6 非線形効果を用いてつくる「量子もつれ状態」とは？

量子フルーツのバナップルは、バナナとアップルの性質を半分ずつ持っています。前項までは量子フルーツ1個の話をしてきましたが、その**量子フルーツ2個を使って「量子もつれ状態」をつくる**ことができます。もつれ状態は**量子コンピュータや量子センサー**、**量子通信**などさまざまなところで利用される人気絶頂・引っ張り凧《だこ》の「**量子のふしぎ**」の1つです。

まず2個のバナップル（バナップルペア）をつくります。実験的には「**非線形効果**」という特殊な効果を用いて、バナップル2個をエイヤッ！とつくります。この非線形効果がバナップルをもつれさせるのですが、**もつれることで2個のバナップルが運命共同体になった**と考えてください。

重ね合わせ状態の1個のバナップルをかじる（測定する）とバナナかアップルのどちらかになるかは50％の確率でしたが、2個からできている「**もつれバナッ**

「もつれバナップルペア」で「量子もつれ状態」を見る

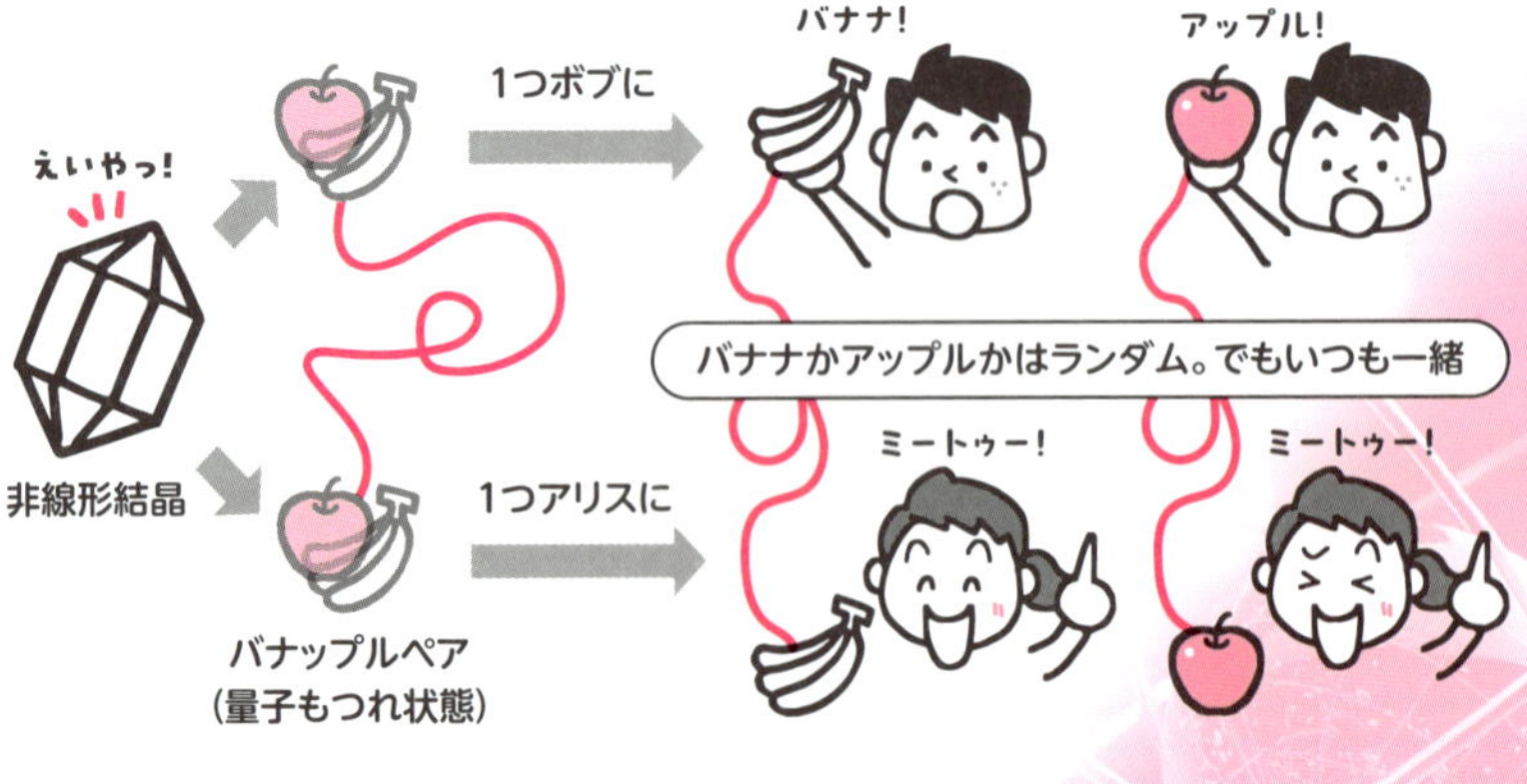

非線形結晶（非線形効果）を使って「えいやっ！」とボブとアリスのバナップルペアをつくる。ボブとアリスに1つずつバナップルを渡して同時にかじってもらうと、両方ともバナナ、もしくはアップルになる。この量子フルーツの出方はランダムなのに、ボブがかじる（測定される）とアリスには同じフルーツが出る。これを運命共同体の「量子もつれ状態」と呼ぶ。

プルペア」ではどうなるでしょう。もつれた片方のバナップルをアリスに、もう片方をボブに渡します。同時に2人にかじってもらうと、両方ともアップルになり、もう一度バナップルペアをつくって2人にかじってもらうと今度はバナナでした。何度試しても同じです。アップルかバナナかの出現はランダムなのに、2人にはまったく同じフルーツが出てくる。これが「量子もつれ状態」です。**片方がかじられる（測定される）ともう片方がそれと同じフルーツになる。つまり、2つのバナップルは運命共同体**であって、こうした2個のバナップルを「量子もつれ状態」と呼ぶわけです。

実際の実験では、**緑色のレーザ光を非線形結晶と呼ばれるマジカルで透明な結晶に打ち込みます**。すると**2つの赤色のバナップル光子ペア**が出てきます。この**光子ペアはどちらもタテ（バナナ）とヨコ（アップル）の振動の重ね合わせ**です。出現した光子ペアをアリスとボブが測定すると、必ず2人ともタテ（バナナ）かヨコ（アップル）に振動している光が測定できます。ですが、**どちらになるかは毎回気まぐれ**です。

実際の実験で「量子もつれ状態」を見る

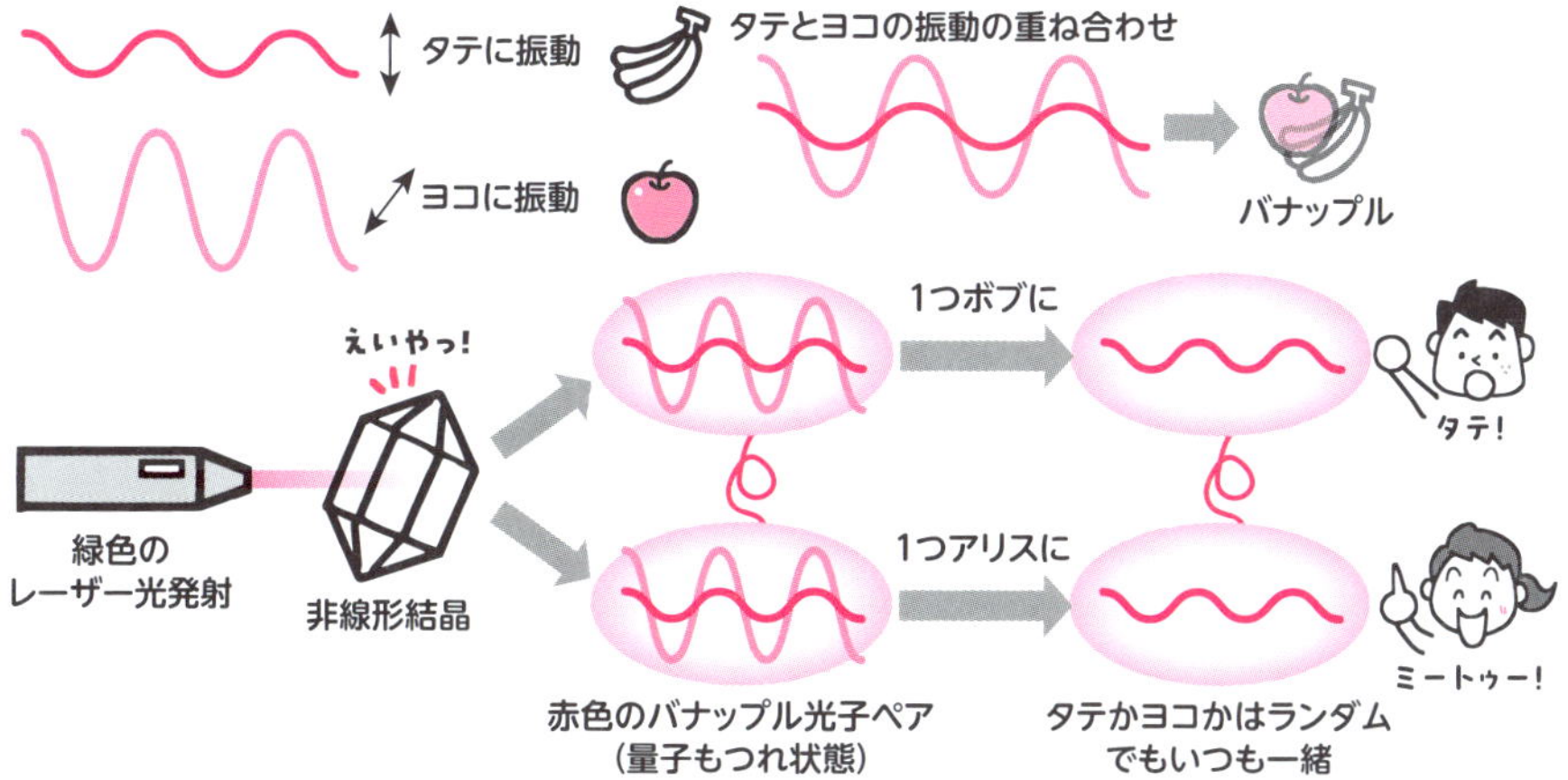

タテの振動をバナナ、ヨコの振動をアップルに置き換えた図だが、その出現頻度には規則性がなく、気まぐれである。下図は実際の実験の方法。レーザー光の波長を変換するための非線形結晶に緑色のレーザー光を打ち込む。そうすると赤色の光子ペアが出る。

7 量子はすべて「粒と波」だ！

　わたしたちが日ごろ目にする**サッカーボールは「粒」**です。**転がっているボールの個数を数えることができますが、これは実は重要な粒の性質**なのです。また、ボール同士がぶつかると別々に飛んでいきますが、これも粒の性質です。それに対して、**波の代表は「水の波」**です。波は個数を数えられないうえに、波同士はぶつからず、すり抜けていきます。そして**波が重なると強め合ったり、打ち消し合ったりする干渉も波の性質**です。

　わたしたちがふだんの生活で触れるものは粒か波かのどちらかです。たとえば、ビー玉や靴、ミカンなどは数えられるので粒です。水の波や音波、光やラジオ波などの電磁波、地震のような振動も波として伝わります。これらは割と簡単に粒か波のどちらかに区別することができます。

　ところが**量子は、そのどちらの性質も合わせ持つ変わった存在**なのです。**「粒子と波動の二重性」**という言葉を聞いたことがあるかもしれませんが、それこそが量子の振る舞いなのです。あとに光の粒と波の性質を紹介しますが、**光以外にも電子や原子などの「物」が波として振る舞う**ことが1924年にルイ・ド・ブロイによって提起され実験的にもつぎつぎと観測されました。

　物の波は、光などに比べその波長が極端に小さく、さまざまな精密測定に使えることがわかってきました。原子を冷やしてつくる原子レーザーや物質波と呼ばれるものは、超高感度な加速度センサーとしても応用研究がされています。また、電子や中性子の波を用いた干渉計なども、材料測定などに幅広く利用されています。

　「粒と波」、一見、わたしたちの感覚からするとまったく異なるものですが、量子の世界ではそれ

は同じものの2つの顔なのです。量子技術の発展によりいままでなじみのない「物質の波」も、もっと活躍の場が増え、これまで見られなかった新たな世界を見せてくれることでしょう。

「粒と波」

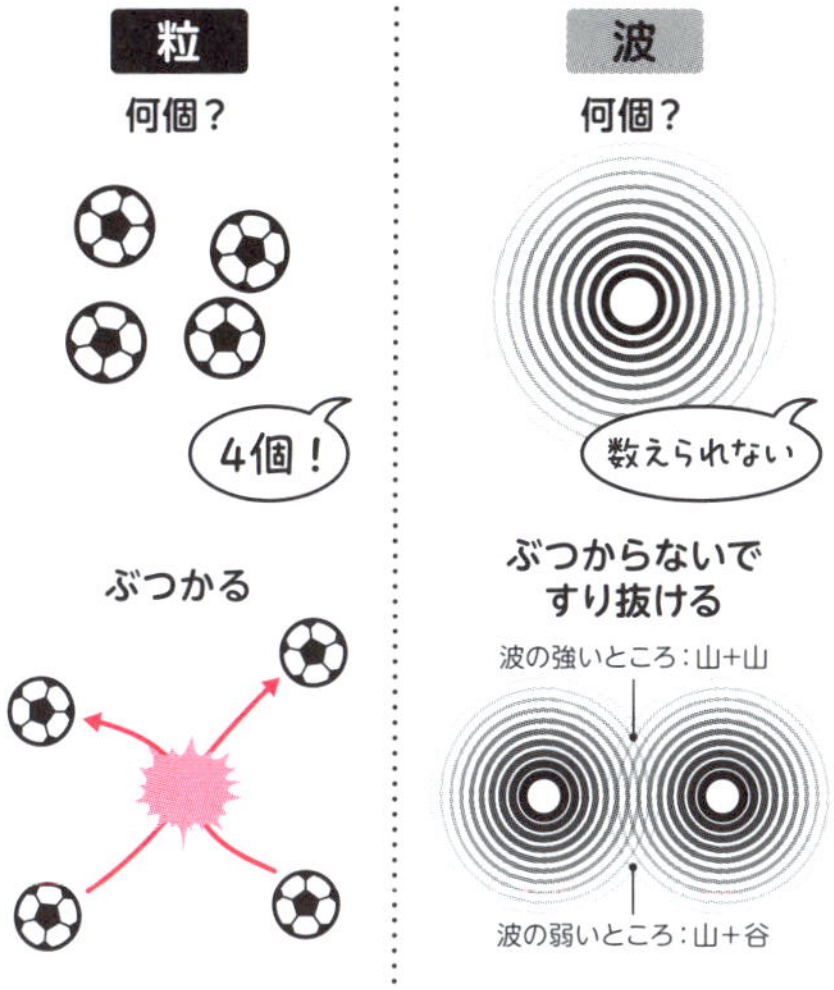

図のサッカーボールは粒だが、粒の性質としてボール同士が衝突すると別々に飛んでいく。また、波は水波に代表されるが、波は個数として数えられないうえ、波同士はぶつからずにすり抜ける。

ルイ・ド・ブロイ
（1892〜1987年）
フランスの理論物理学者。1929年ノーベル物理学賞受賞。

「粒」と「波」の性質を持つ「量子」

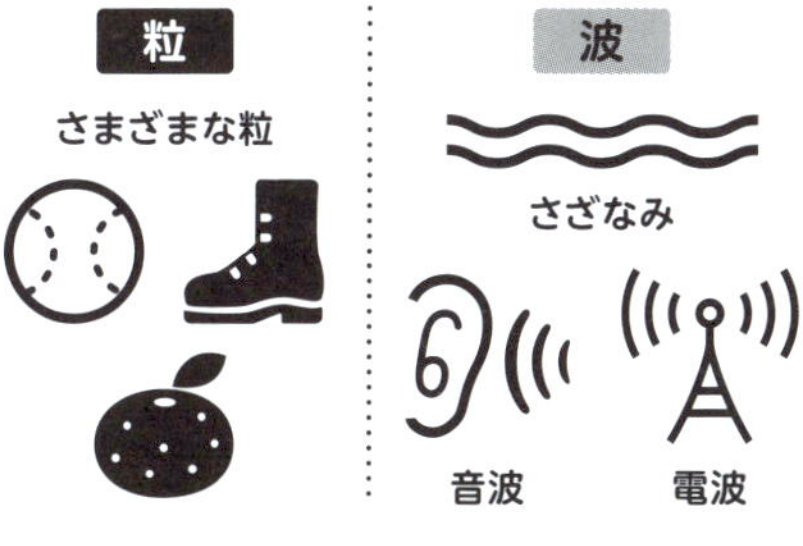

数えられるものは「粒」であり、日常に使われるもののほとんどが粒である。波を感じるものには海の波や音（音波）、光やラジオ波（電磁波）などがある。ところが、量子は、こうした「粒」と「波」の性質を両方持つふしぎな存在である。

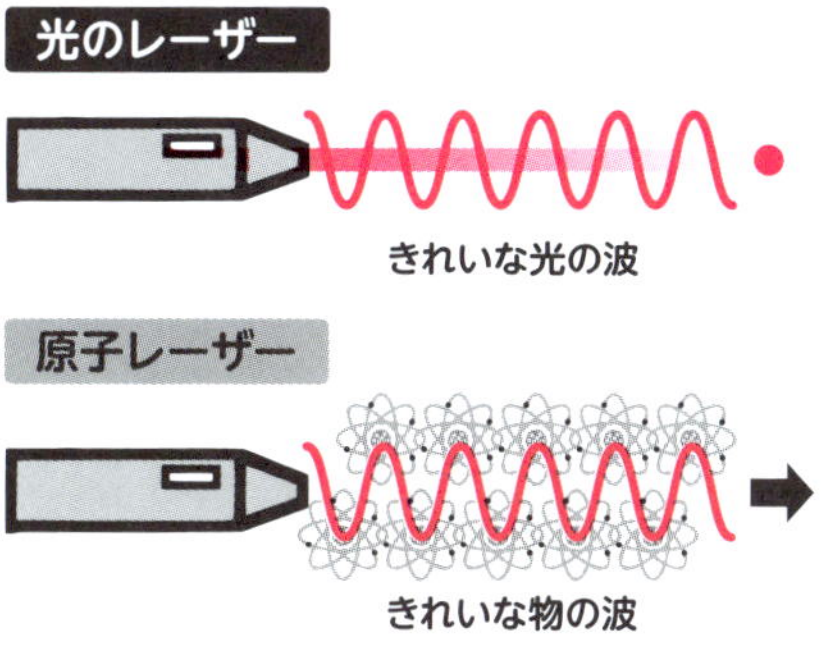

どちらも
さまざまな精密測定で
大活躍！

8 「シュレーディンガー方程式」で量子現象が予測可能に！

「量子は粒でもあり波でもある」ということがだんだんわかってきました。しかし、本当に量子を理解するには、このふしぎな量子がどのような運動をするのかを知る必要があります。

そこで登場したのが、エルヴィン・シュレーディンガー。**「シュレーディンガーの猫」**でおなじみの物理学者です。彼はこの量子の波がどうやって進んでいくのか計算する方程式を編み出しました。それが**「シュレーディンガー方程式」**。量子の波が進んでいく様子をこの方程式を使って計算することを**「波動力学」**とも呼びます。これ以外にもシュレーディンガーは、量子力学にとっていくつものたいへんに重要な発見をしています。

余談ですが、彼の功績を讃えて「シュレーディンガー音頭」という音頭が、日本の物理学者内の各種の会議や合宿で踊られているほどです。

さて、このシュレーディンガー方程式は大学の量子力学の授業で、**学生が最初に出会う量子の方程式**です。数学恐怖症の人は〝絶句！〟するかもしれませんが、数学ではなくヒエログリフ（古代エジプトの象形文字）だと思ってください。では、解読してみましょう。

語順を少し入れ替えて翻訳すると、**左側が「小さい/波が/時間とともに」**と読めます。**「小さい波」とは量子の波**のこと。**右側は「波が/動く勢い/と地形」**となっています。**イコールサインは「は」**ですね。全体を合体させてもう少し語彙を整えると**「量子の波が時間とともに変わる様子（左）は（＝）波の勢いと地形で決まる（右）」**と書いてあります。

シュレーディンガー方程式では、**「初めの波」**とその**「勢い」**に、これから進んでいく**「空間の**

地形」を方程式に入れると、その波が時間とともにどのように進んでいくのかが計算できます。この式をもとにさまざまな量子の現象が計算によって予想できるようになりました。

エルヴィン・シュレーディンガー
(1887～1961年)
オーストリア生まれ。理論物理学者。「シュレーディンガーの方程式」や「シュレーディンガーの猫」などで量子力学の確立に貢献。1926年イギリスの理論物理学者ポール・ディラックとともにノーベル物理学賞受賞。

ヒエログリフで書かれた「ロゼッタストーン」
ロゼッタストーンの文字は3段に分けて書かれている。1段目は古代エジプトのヒエログリフ、2段目は古代エジプトのデモティック(草書体)、3段目はギリシャ語ですべて同じ内容だ。

ヒエログリフを訳してみれば

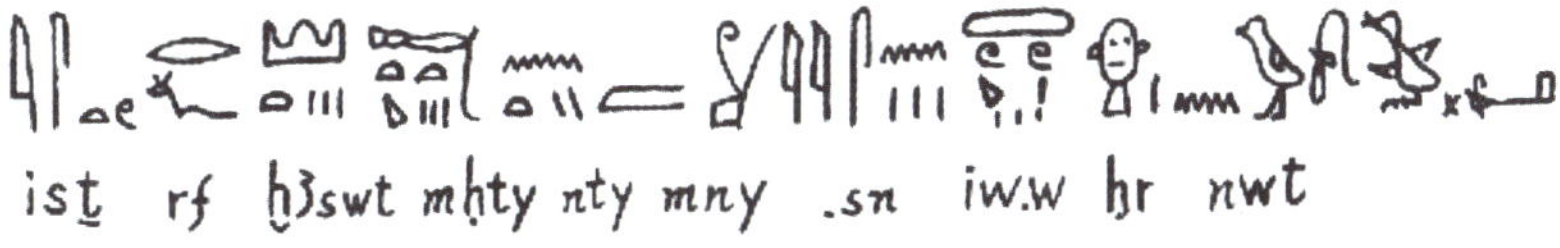

見よ、北方の異国人たちはその体を震わせながら、島々(地中海の)に上陸し、

資料ヒエログリフ:https://hieroglyph.sacnoha.com/index.php

「シュレーディンガー方程式」とは?

$$i\hbar\frac{\partial}{\partial t}\psi(x,t) = \left[-\frac{\hbar^2}{2m}\nabla^2 + V(x,t)\right]\psi(x,t)$$

小さい(iħ)　時間とともに(∂/∂t)　波(ψ(x,t))　は(=)　動く勢い(−ħ²/2m ∇²)　と(+)　地形(V(x,t))　波(ψ(x,t))

シュレーディンガーは量子の波の進み方を「シュレーディンガー方程式」で明らかにした。この方程式が量子力学の確立に大きく寄与する。図は「初めの波」と「波の勢い」に、進んでいく「空間の地形」を方程式に入れると、時間とともに進む波の具合が計算できるイメージ。

COLUMN①

物理学者が ふだんやっていること

「物理学者ってどんな生活をしているの?」そんな質問がよく聞こえてきます。研究者は「変わり者」が多いので、一般的な方の生活とは異なるかもしれません。ですので、一言で「こうです」とはなかなかいえないのですが、とりあえず実験屋さんの大学の教員の日常を少し覗いてみましょう。

物理学者の1日はおおよそ朝の9時くらいにスタートし、夜は一般の方より少し遅めで19時から22時くらいに帰宅します。1日のうち実験系の仕事が半分、勉強系の仕事が半分といったスケジュールの研究者が多いようです。

実験系の仕事では実験の準備と実験そのものを行います。ここでいう実験とは「サンプルや現象を装置で測定する」ことです。計測の対象となる特殊なサンプルやデバイスを作製し、独創的な実験装置をつくっていかにうまく測定するか、そんなところが腕の見せどころとなります。なので、良質なサンプルづくりや実験装置の開発などにも多くの時間を割り当てます。

実験屋にとって「ものづくり」は大切です。材料やパーツを集めて、それらをどのように配置して実験装置を組み上げていくかや、時には設計図を描いて特注部品を工場で製作してもらうこともあります。細かい部品の知識に精通することはもちろん、限られた予算の中で安くて良質なものをつくり上げていく。まぁ、いわばそんな「買い物上手」も実験屋の重要なテクニックです。

装置やサンプルが完成するといよいよ実験です。実験は短時間で終わるときもあれば、徹夜になるときもあります。実験の経過がよければ、作業を継続して、納得いくまでいつまでもデータを取りたくなるのです。

もちろん、研究者は実験ばかりをず〜っとやっているわけではありません。実験の合間に居室やオフィスできちんと勉強もします。これが勉強系の仕事です。ほかの研究者が書いた論文を読んだり、科学の世界では何が起こっているかを論文やネット記事などから情報収集します。また、実験結果の解析や、それがモデルと合致しているか計算してみたり、そのモデルの詳細を教科書や論文を通して勉強します。

実験屋の場合、個人としてはこのように1日の時間を使いますが、研究はチームで行うものなので、同僚と一緒に仕事をしなければなりません。チームメイトとは協力して実験をするほか、研究に関するさまざまな議論もします。仕事は研究だけに限りません。同僚たちと会食したり、時にはパーティーやスポーツを楽しんだりする。それがコミュニケーションを取ることにもなり、チームワークを高めることにつながります。一見、遊びに見えるこうしたことも、実は研究促進の重要なエンジンとなるのです。

すぐれた実験結果が揃うと、年に数回行われている「日本物理学会」や「アメリカ物理学会」などの学会で発表します。褒めてくれる人、アドバイスをしてくれる人、自分とは異なる考え方の人、そんな研究者たちと議論を交わします。時には「その研究結果は間違っている」と指摘されたりもするのですが、研究結果の是非はともかく、こうした情報交換や議論を通して、少しずつ物理の本質が見えてきます。そのためにも厳しい指摘に耳を傾けることはとても重要となるのです。

研究者たちは画期的な実験結果が出ると論文を執筆して世界的に発表するわけですが、手続きには慎重を期します。チーム全員で誤りがないか、徹底的にチェック。そうして「実験結果の何が面白くて重要か」をきれいにまとめていくのです。

人にうまく伝えることも科学者の仕事で、発表や論文の執筆には英語や日本語の執筆スキル、スピーチやプレゼンテーションのスキルが欠かせません。そうした鍛錬が物理学者の日常といえるでしょう。

9 進化を邪魔する「悪ガキ」、その名も量子トンネル効果！

わたしたちの生活には、家の内壁や外壁のほか、至るところに〝壁〟があります。こうした壁は内外の遮断が大きな役割ですが、驚くことに量子には、〝壁〟をスルッとすり抜ける**「量子トンネル効果」**があります。これは**数多い「量子のふしぎ」の中でも代表格**といえる量子の効果です。

量子トンネル効果は、量子の「波の性質」に基づいています。たとえば、電子や光などの量子を壁に投げつけます。もちろん大半は跳ね返りますが、**量子の波成分の一部が壁内にしみていき、壁が薄いと裏側からポロッと出てくる**のです。

さまざまな実験検証が行われ、**応用として量子トンネル効果を使ったいくつかのデバイスが市販されています。「トンネルダイオード」や「フラッシュメモリ」などの半導体部品では、量子トンネル効果をうまく使って壁をすり抜ける電子を操作できます。**スマートフォン（以下スマホ）にも入っているもっとも身近な量子デバイスです。

ただし、この「量子トンネル効果」が最近、悪さばかりしているのです。パソコンのいちばん重要な〝計算する部品〟の電気のスイッチ「トランジスタ」は、小さくつくればつくるほどパソコンの性能を向上させますが、現在の大きさ（数ナノメートル）より小さくすると、量子トンネル効果で電気が常にすり抜けて流れるため、スイッチとして機能しなくなるのです。残念ながら**量子トンネル効果は、コンピュータの進化を少し邪魔する「悪ガキ」でもある**わけです。

ところで、わたしたちにも「量子トンネリング」ができるのでしょうか。答えはYes（のはず）ですが、分厚い壁だと全身がすり抜けられる確率はかなり下がります。また、手足や頭などすべて同時にすり抜けられる確率はとても低く、壁の中に挟まる可能性が相当高いかも。ですが、量子力学的にはすり抜けられる可能性はゼロではありません。

量子トンネル効果

人も壁をすり抜けられる可能性はゼロではないが、壁が厚いと全身をすり抜けさせるのはむずかしいかもしれない。

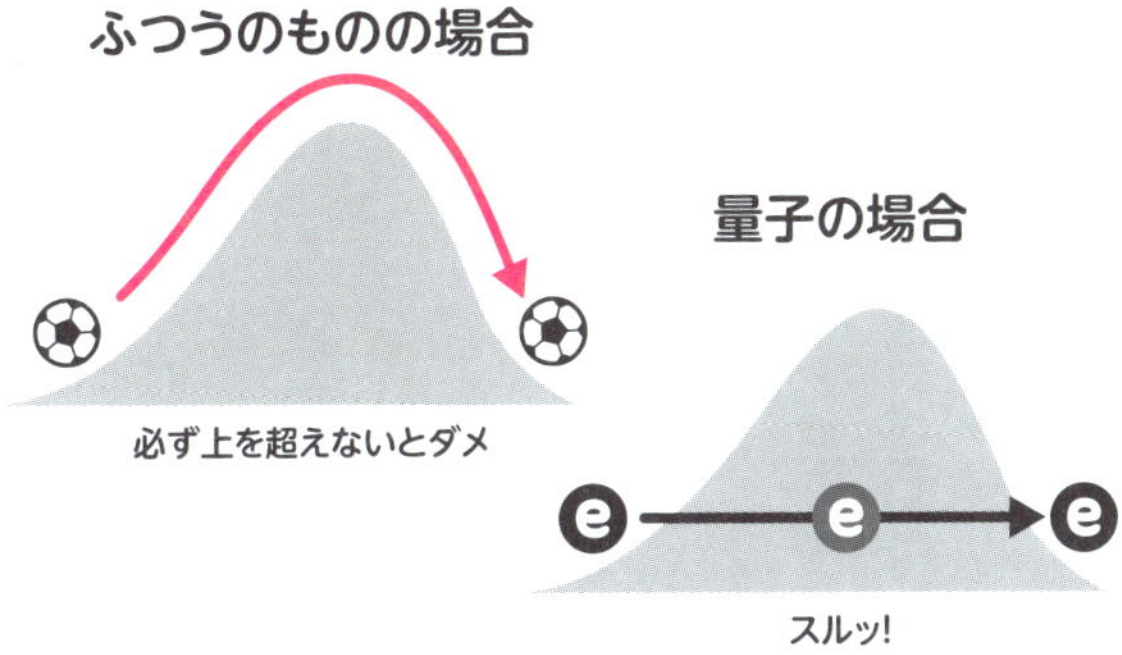

壁をすり抜けたネコ！

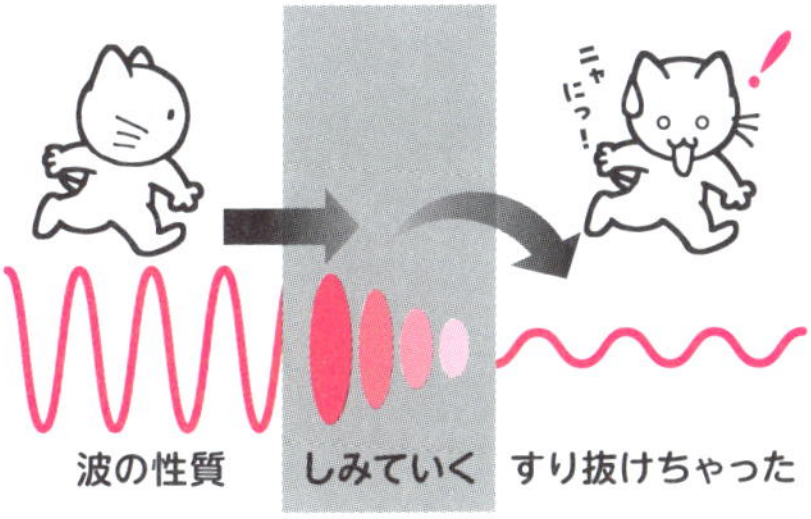

以前テレビの「怪奇現象スペシャル」で、台風で窓やドアを全部閉めきっていたのに、外にいたはずの飼いネコが部屋の中に突然現れたというのを放映していました。あれは何のふしぎもないのです。たぶん量子トンネリングで入ってきたんでしょう？

トンネル効果を使っているデバイスと「悪ガキ」極小トランジスタ

電子機器はコンパクトであればあるほどいいが、小さくし過ぎると量子トンネル効果が邪魔をしはじめる。なんて悪ガキだ！

10 量子を見たくても見るのはとてもむずかしい！

量子力学が少しずつわかってきた1900年ごろになると、物理学者たちは量子が存在することの〝証拠〟がほしくなりました。彼らは「量子があるというのなら証拠を見せろ！」などと、子どものケンカ並みに拳《こぶし》を振り上げて激論しました。ですが、「量子を見る」ことはなかなかむずかしい。そもそも**「量子を見る」というのは、2つ異なる意味を持ちます**。

1つ目は、原子とか電子とか**「1個の量子を見る」**という意味です。たとえば電球からの発光は「光子」と呼ばれる量子の粒ですが、暗い部屋でも**1秒当たり1兆個（10^{12}個）**程度目に飛び込んできます。それを本当に真っ暗にすると、光の粒が1個、2個と数えられるようになります。このように**「数えられるような量の量子を見る」というのが**1つ目の**「量子を見る」という意味**の表現です。

2つ目は、**「量子の性質を見る」**という意味です。バナップルがバナナとアップルの重ね合わせであることを確認したり、PART2-8項で取り上げている「量子テレポーテーション」は本当に可能か見てみたい」などのように、「量子が量子らしく活躍する」様子を確認したいということで、これを物理学者は「量子性を見る」といいます。

ところが、どちらのケースでも**「量子を見る」**のは相当むずかしいのです。**数えられる程度の量子を見るためには、そもそもの「物の量」を減らす必要があります**。光なら実験室を十分に暗くする。酸素原子なら空気中に多過ぎる（1ℓ当たり10^{22}個程度）ため、空気を吸い出して酸素原子をわずかに残す。こうした技術が必要となりますが、これがかなりたいへん。

量子は本当にあるのか？

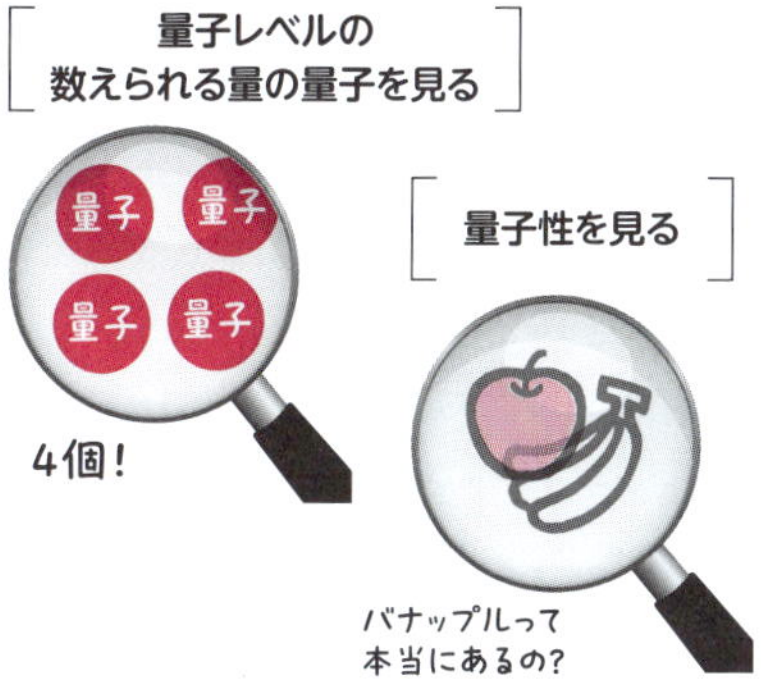

物理学者は数えられる量の量子を見ることを「量子レベルの小さなシグナルを見る」といい、「バナップルは本当にあるのか」などの量子の性質を見ることを「量子性を見る」と表現するが、そのどちらも見ることは非常にむずかしい。

重ね合わせの量子はスーパーシャイだ！

重ね合わせは
スーパーシャイだ！

人の目から隔離すると
のびのび

バナップル状態の量子重ね合わせは人に見られると、すぐにバナナとアップルに戻ってしまう。つまり「重ね合わせの量子はスーパーシャイ」。バナップルのような重ね合わせの量子をそのままキープするには、人の目から遠ざけなければならない。いわばひたすら隔離して、誰にも邪魔されないような環境をつくらなければ量子は活動しないのだ。

量子を見るにはどうすれば？

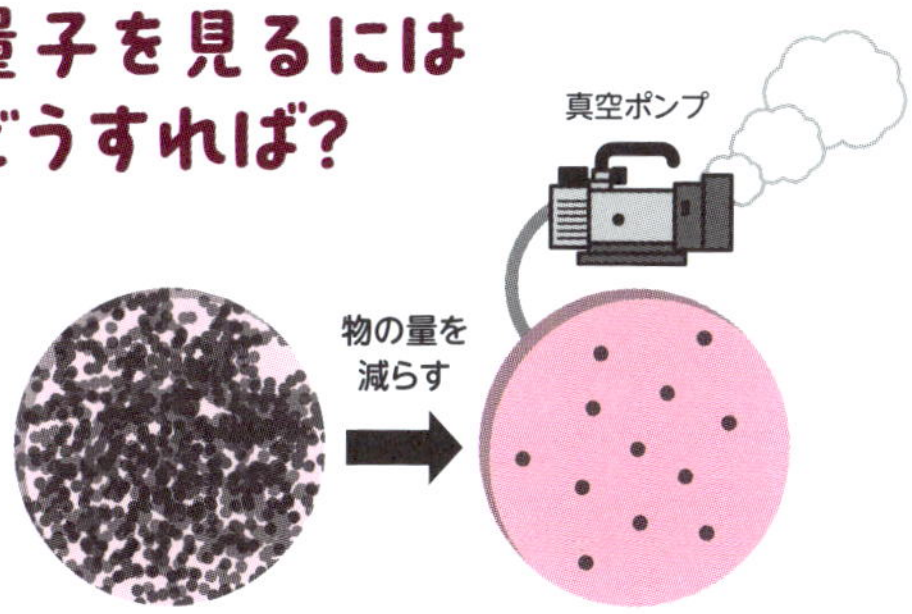

あまりにも多くて、
1つの量子を
見分けることができない

量子が
1粒ずつ見える！

量子を見るには「物の量」を減らす必要がある。光子を見るには実験室を十分に暗くしなければならないし、多過ぎる酸素原子を見るには真空ポンプを使って空気を吸い出さなければならない。要するに「空っぽ」の状態をつくらないと、光とか電子や原子が見られないのだが、そうした環境を用意することは意外とむずかしい。

それに2つ目の「量子の性質を見る」では、量子フルーツの例で見たように、バナップルの正体を知ろうとすると「重ね合わせ」を放棄してふつうのフルーツになってしまう。そのために量子らしさをキープするには人の目から遠ざけなければなりません。いわば十二分な隔離が必要になるのですが、そうした作業をこなして、**実験的に「量子を見る」というのは、難度がとても高い**のです。

11 量子を見るには設備完備の最高級3LDKが必要だ！

「量子を見る」には準備が必要です。わたしたちの周りには電子や原子や光などが満ちあふれています。部屋に当てはめてみると、ここを空っぽにして、シャイな量子のプライバシーが守れるような最高級物件を用意する必要があります。この項では現在、量子実験で使われている準備を少し紹介します。

多くの**「量子は暑がり」**です。**人の指先やスマホの画面は室温付近**ですが、**絶対零度／0K（ケルビン）＝（−273.15℃）に比べると300K（27℃）ほど**になります。室温近辺における物質を原子レベルで見ると、沸騰したお湯のように原子がブルブルと震えていますが、量子はそれが大嫌い。だから、振動を止めるためにとりあえず冷やさなければならなりません。**希釈冷凍機という特別な冷凍庫を使うと、絶対零度より少し高い0・01Kの温度まで冷やせます。摂氏なら−273.14℃**です。

量子の中でも気体の原子は周りを囲む空気も嫌いです。なので、超高真空装置を使って原子のために空っぽの部屋をつくります。特殊ポンプで大気圧の1気圧から0.0000000000001気圧まで下げると気体の原子やイオンは大喜び。

まだあります。光を遮断するために部屋を真っ暗にしたり、振動を完璧に抑制するエアクッションで浮遊させたテーブルに乗せたり、地磁気を嫌う量子には磁場を通さない「パーマロイ」というケージや冷えた超伝導体で囲ったり等々、すごく世話が焼ける。しかも、実験者が少しでも手を抜くと、「量子性はお預け」とばかりに臍《へそ》を曲げます。

実験物理学者にとって、量子は「すごく贅沢

富士山と希釈冷凍機の温度を比べると？

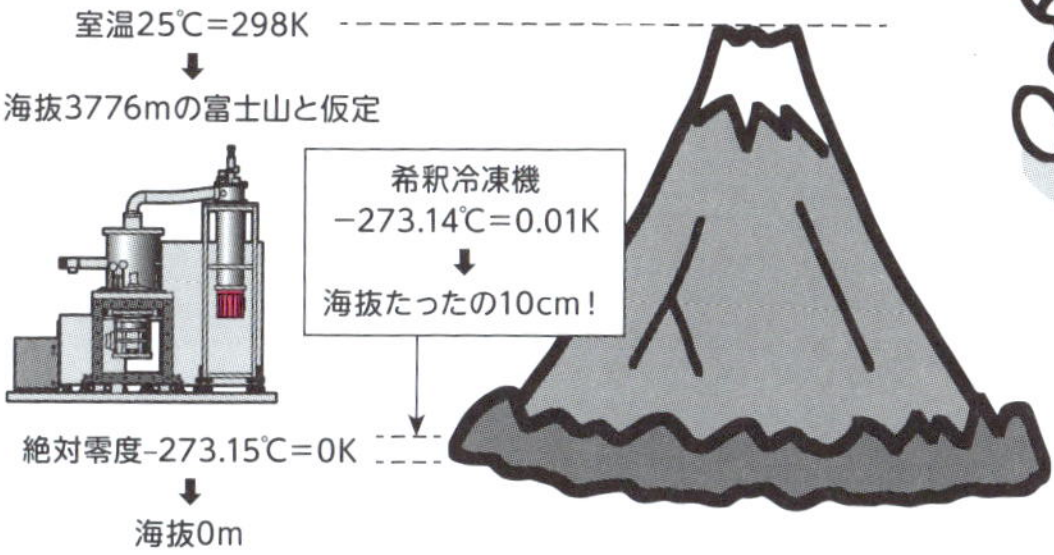

富士山3776mの頂上の温度を室温25℃（298K）と仮定すると、希釈冷凍機が冷やす温度は海抜10cmで−273.14℃（0.01K）になる。そこまで冷やさなければ量子は正体を現さない。

量子のわがままは際立っている。人の生活環境のほとんどが嫌いだ。そのため、量子の要求のすべてを受け入れて環境を整えなければコミュニケーションが成り立たない。

量子を見るには特殊な設備が欠かせない！

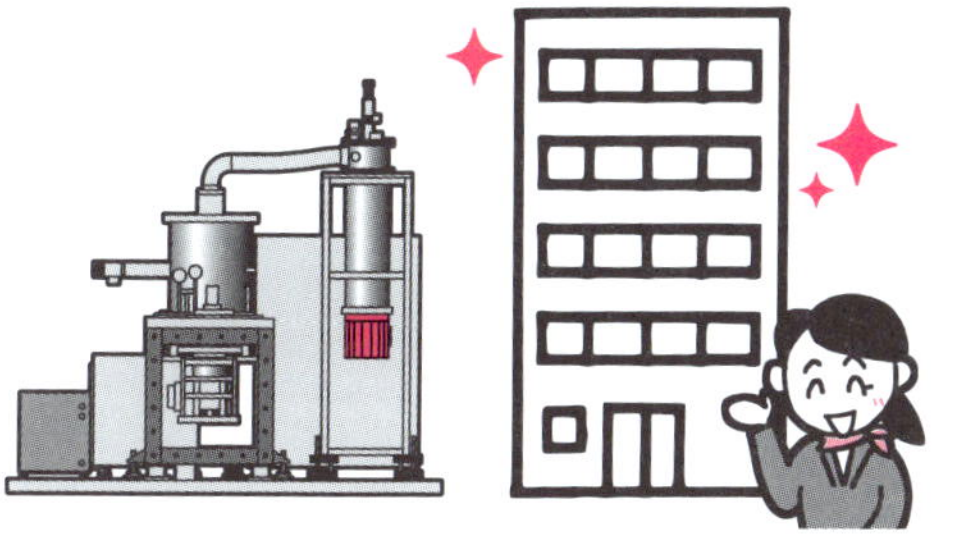

量子様がお喜びになられる
設備完備の最高級 3LDK
でございます…

希釈冷凍機はヘリウム3（3He）とヘリウム4（4He）の混合溶液を希釈するときの希釈熱を利用する冷却器で、超低温領域の冷却法。暑さが嫌いな量子のために装置内を超低温0.01K（−273.14℃）まで冷やす。また、気体の原子は空気も大嫌い。そのため超高真空装置を利用して空っぽの部屋をつくる必要がある。

希釈冷凍機イメージ資料：太陽日酸
https://www.tn-sanso.co.jp/gasequip/products/detail.html?pdid=174

な生き物」で、手厚く扱わないとまったくいうことを聞いてくれません。「量子を見る」には量子にとっての、いわば「最高級3LDK」住宅が必要なのです。ちなみに、希釈冷凍機はおおよそ1億円します。冷気にかかる電気代は年間500万円ほど。そんな金食い設備に量子を1個だけ置くというのですから、贅沢も極まるわけです。

12 量子が量子にしかできない「芸」を見せはじめた！

量子力学はここ15年で目覚ましい発展を見せました。今後20年で**「量子力学の社会進出」**がさらに進むことが予想されます。

物理学者はこれまで**「ふしぎな現実」である量子の世界を確認するために時間を費やしてきました**。まずは「量子のふしぎ」を見て確認する、そこからはじまりました。その結果、実にふしぎだとされた**「量子っぽさ」は、とても壊れやすい**ものだということがわかってきました。

その状況を乗り越え、量子をきちんと見るために**絶対零度付近まで冷やし**たり、極限まで空っぽな**真空装置をつくって邪魔がまったく入り込めないような工夫**をしました。そうした努力によって、**量子は少しずつ正体を見せはじめた**のです。

正体探しは、例えるなら草むらに隠れている動物探しのようなお話です。初めは草ぼうぼうの中から鳴き声が聞こえたり、たまに姿がチラッと見えたりしましたが、どんな動物なのか確認できません。邪魔な草をむしると姿がおぼろげに見えてきました。そこで草をすべて刈り取ってみると、これまで見たことのないような、魅力的でふしぎな動物がいました。その動物はとても賢そうなので、引き取って少しずつわたしたちの言葉を教えました。繰り返し教えていくと、動物はいろいろなことができるようになってきました。しかも、この10年ほどでわたしたちの「できないこと」さえ簡単にこなすようになってきた！

というわけで、今後、この動物（量子）が何を見せてくれるのか楽しみになっているのです。

さて、少し正体を見せはじめた量子は、わたしたちがこれまでできなかったさまざまなことをやってくれようとしています。**「量子センサー」「量**

子通信」「量子シミュレーション」「量子コンピュータ」などの、いわば「芸」です。それも驚くような大技を見せてくれようとしているのです。

量子力学はいよいよ社会進出しはじめた！

量子を大切に扱う

量子世界の「ふしぎな現実」も少しずつ正体を現すようになってきたことで、量子力学の社会進出は急ピッチで進む。

量子の潜在能力はまだ未知だ！

大きな可能性を見せはじめてきた量子は、少し前までは思いもしなかった「芸」を示しはじめた。量子センサー、量子コンピュータ、量子シミュレーション、量子通信など、それらは驚愕するような大技といっていい。本書ではそうした量子力学の持つすごさを順を追って紹介していく。

量子の「芸」は大技だ！

量子の可能性は進展し、特にこの10年ほどで人のできないことも簡単にこなすようになってきた。これからの進化に大きな期待が持たれている。

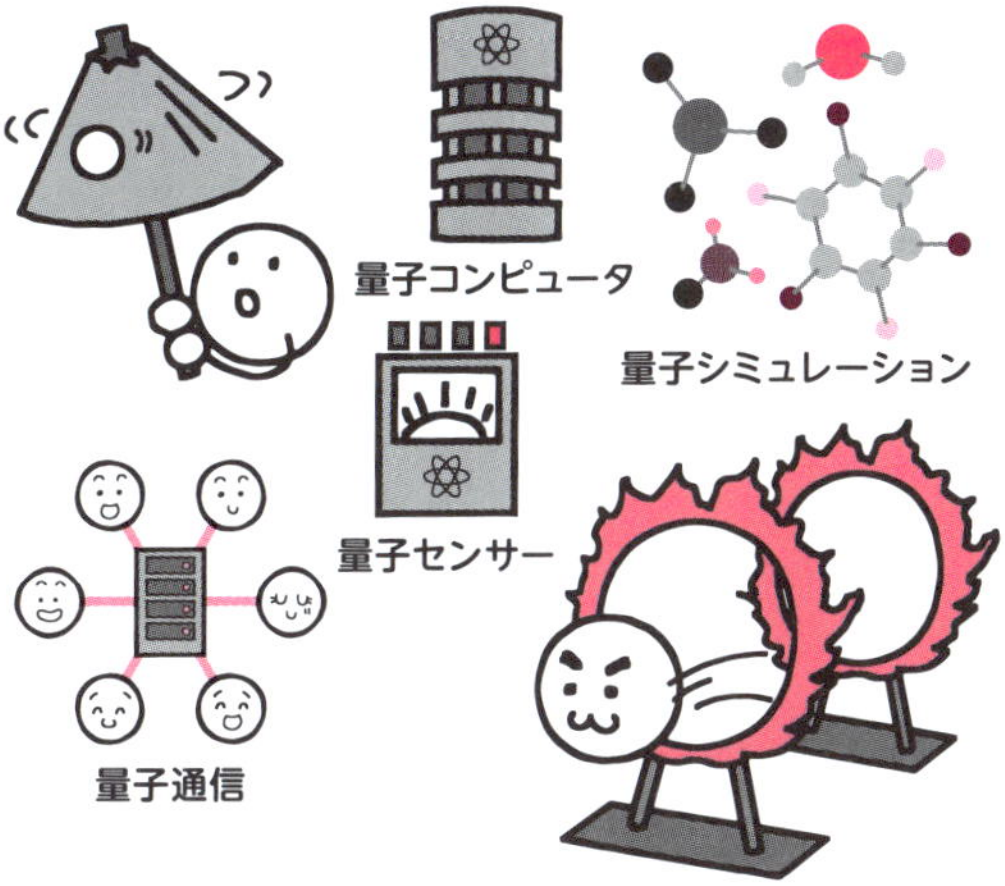

13 量子ビットは重ね合わせで正解を探すのが得意だ！

ふつうのコンピュータは、すべての情報を**0と1の2進法で表す「ビット」を使って計算**、ところが量子のふしぎを取り入れた**「量子コンピュータ」では0と1だけではなく、**それらの**重ね合わせが使える「量子ビット」、通称「Qubit（キュービット）」を使います**。ということは、**0と1が半分半分のビットやほとんど0でもちょっと1が混ざったようなビットが使える**わけです。

ここでまたバナナップルの登場。ふつうのビットは0と1だけ、つまり、アップルとバナナだけですべてを計算します。しかし、**量子ビットはバナナップルのような重ね合わせが使える**のです。図で見るとこの違いは非常にわかりやすいと思います。アップルとバナナを上と下に配置すると、ふつうのビットはこの2点を使ってすべての計算をしています。要するに計算に使えるものがこの2個しかないわけです。ただし、量子ビットで許されている情報は丸で描かれている全部の場所です。アップルとバナナは上と下、バナップルとアナナは右と左、それ以外にもアップナやもうほぼほぼバナナのバナナナナナルとかも使えるわけです。これだけ見ても量子ビットがふつうのビットよりもたくさんの状態を取り得るのがわかるかと思います。

実際の**量子を使って量子ビットをつくるときには、バナナとアップルのように異なる2つの状態を用意**します。それは、たとえば原子の中の電子が低い軌道を回っているときを0、高い軌道を回っているときを1と決めます。**バナップルの状態は、低い軌道を飛んでいる電子と高い軌道を飛んでいる電子が半分ずつ重ね合わさった状態**です。このように、**量子の性質を使って計算するの**

が量子コンピュータです。

2進法の計算とは?

2進法 ⇨ 0と1

'0'=0
'1'=1
'2'=10
'A' = 1000001
'Z' = 1011010
※'A' = 1000001は7ビット

ふつうのビットと量子ビットの構造は?

ふつうのビット

0か1
バナナかアップル

ふつうのビットでは、アップルとバナナを上と下に配置すると、この2 点を使ってすべての計算をする。たとえば [010] は [バナナ・アップル・バナナ] というように、みんなが使っているコンピュータはこのアップルとバナナだけで情報を書き表して計算している。

量子ビット

0か1か、その重ね合わせ
バナナかアップルか、その重ね合わせ

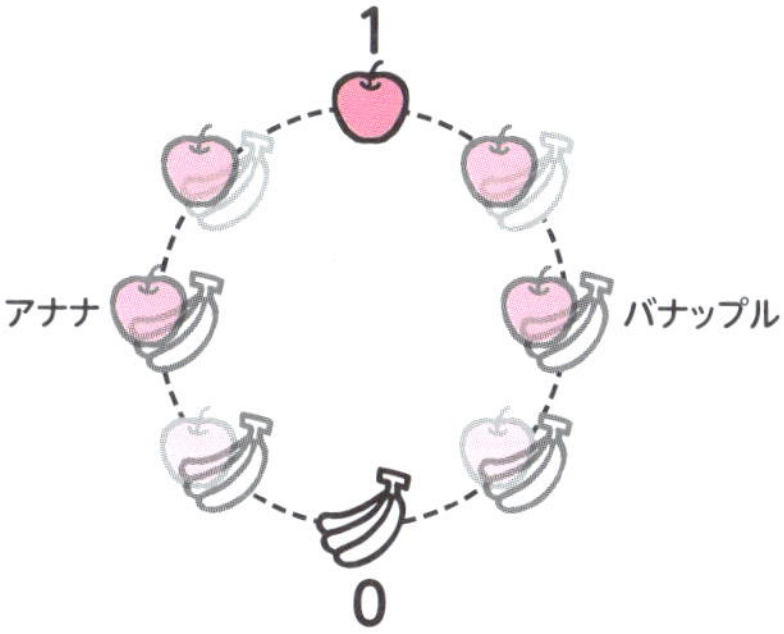

量子ビットで許されている情報は円で描かれているすべての場所だ。アップルとバナナは上と下、アナナとバナップルは左と右、それ以外にもアップナ（アップル7割、バナナ3割）や、もうほとんどバナナのバナナナナルとかも使えるわけ。これだけ見ても量子ビットがふつうのビットよりもたくさんの状態を取りうるのがわかる。

実際の量子ビットは?

電子のエネルギー準位　**重ね合わせ状態**

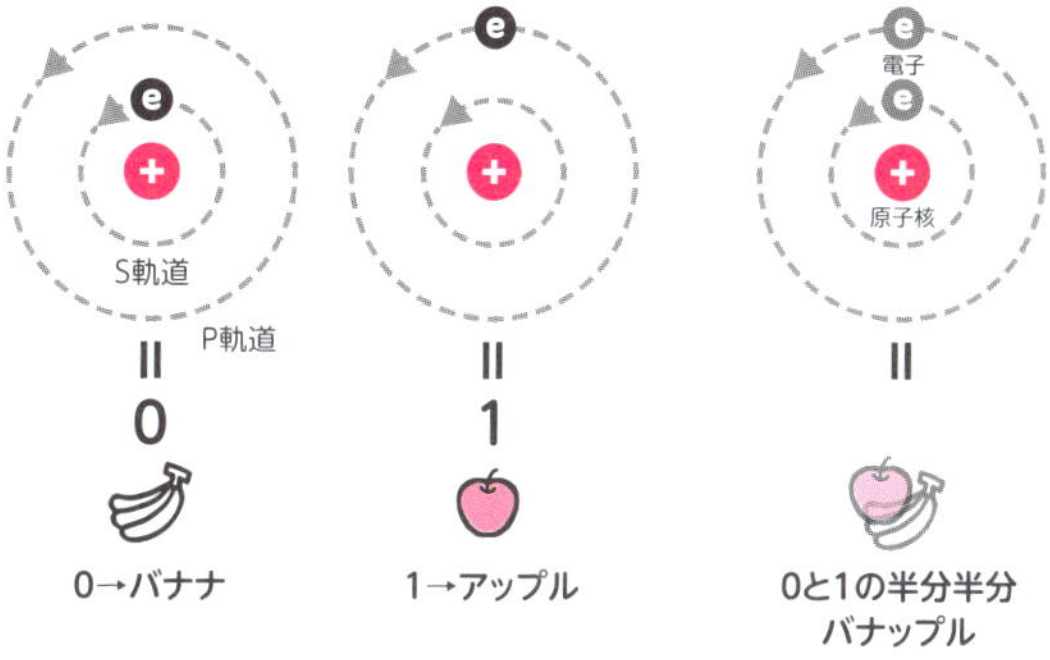

14 「粒」を使って多様な可能性を一度に試せる量子コンピュータ!

量子コンピュータは従来のビットではなく、重ね合わせを使った量子ビットを使って計算します。量子コンピュータはふつうのコンピュータとは計算の方法が根本的に違います。**量子コンピュータには「たくさんの可能性の中から1つの正解を出すのが得意」という性質**があります。量**子コンピュータも「粒」と「波」の2つの性質を使う**のですが、この項と次項で2つの例を上げて量子コンピュータの計算原理を考えてみましょう。

1つ目は、「粒」を使った「フルーツNo1選手権」。イチゴ、ミカン、バナナなど20個のフルーツから「いちばんおいしいフルーツ」を選ぶチャレンジです。

このとき**従来のコンピュータは、1個ずつ全部食べるという方法で計算**します。順番にフルーツを食べていき、最後に全部の味を比較して決め

「粒」を使ったフルーツNo1選手権!

この中からいちばんおいしいフルーツを選んでください

◉ふつうのコンピュータの場合

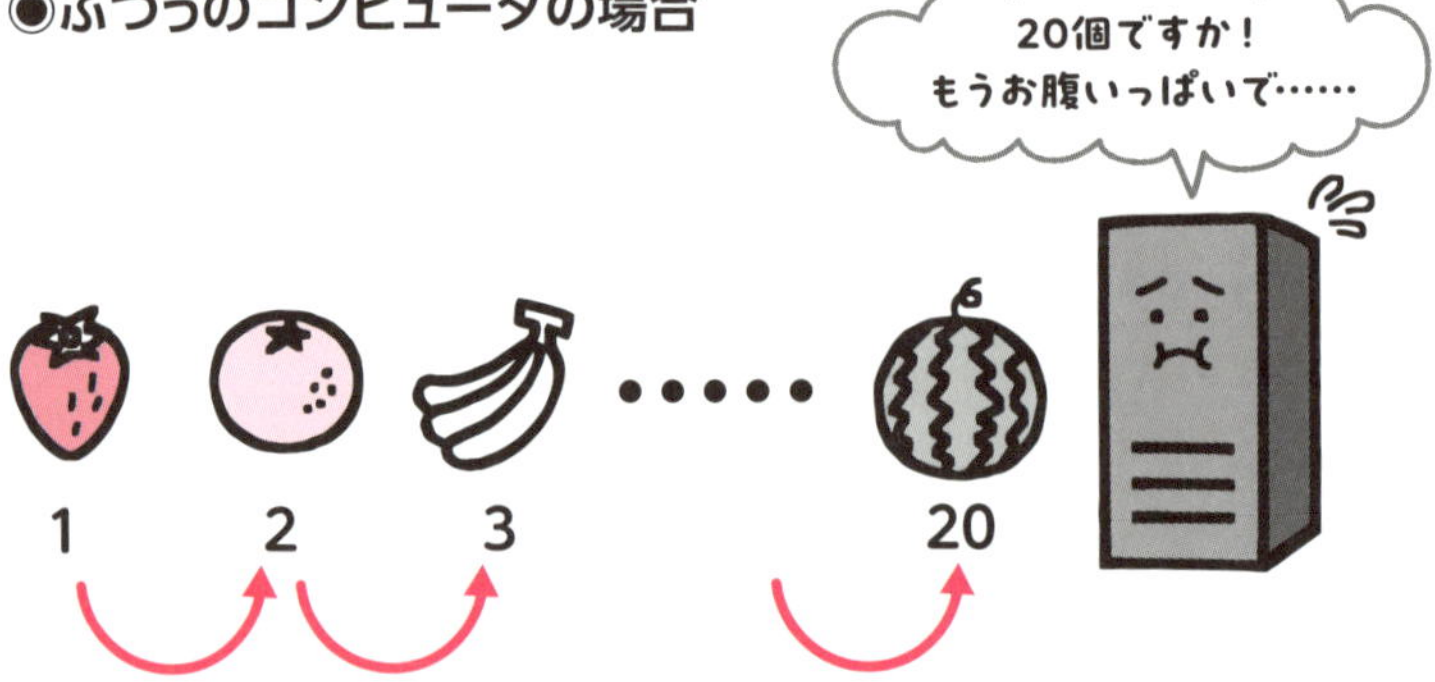
20個ですか!
もうお腹いっぱいで……
1
2
3
20

ふつうのパソコンは1個1個全部食べる

ふつうのコンピュータが答えを出すのは、たとえていえば図のようにさまざまなフルーツを1個ずつ食べてその美味しさ(答え)を決定する。これを「逐次実行」というが、順番にすべてを食べてから決定するので時間がかかる。

◉量子コンピュータの場合

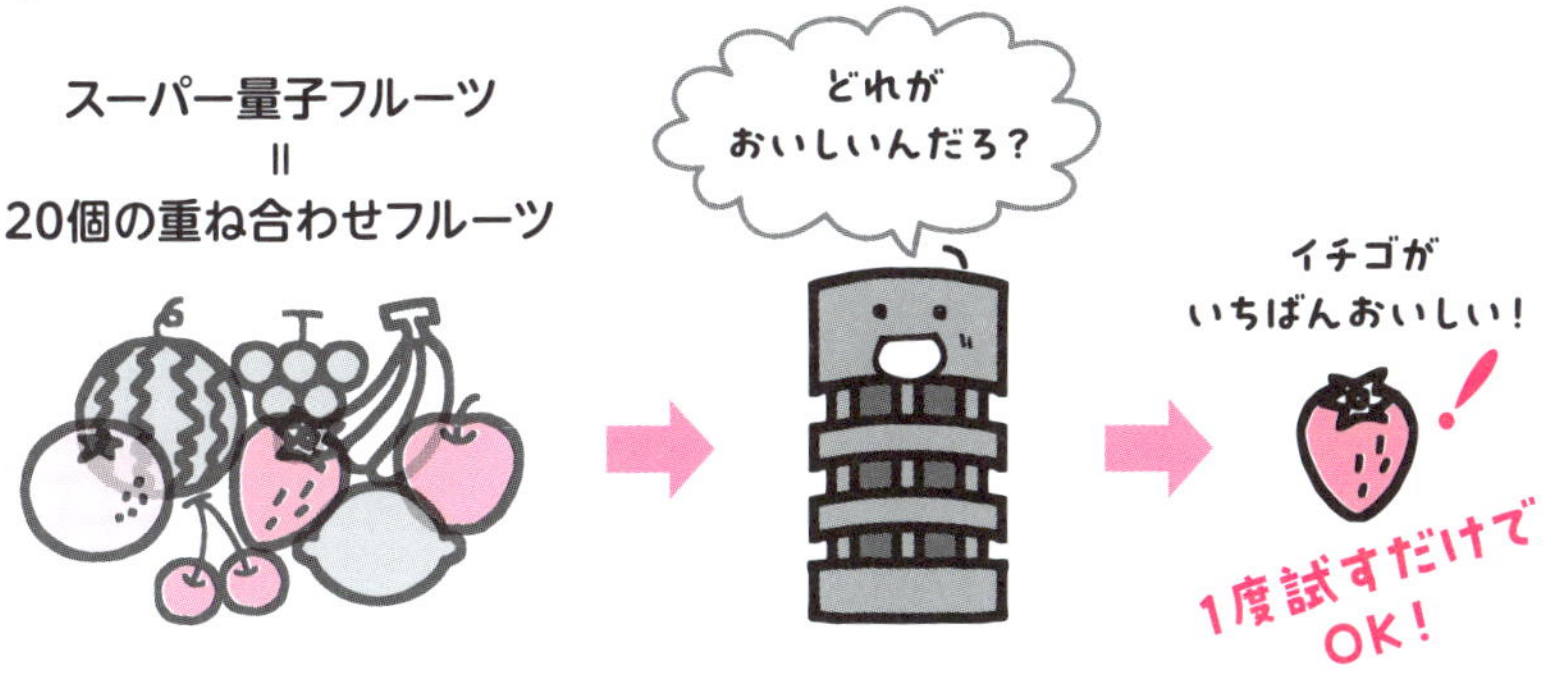
スーパー量子フルーツ
॥
20個の重ね合わせフルーツ
どれが
おいしいんだろ?
イチゴが
いちばんおいしい!
1度試すだけで
OK!

大きな重ね合わせを使って
たくさんの可能性から1つの答えを探すのが得意!

量子ビットを使う量子コンピュータはたくさんの「重ね合わせ」が使える。そこで図のように20個(粒)の「重ね合わせスーパー量子フルーツ」をつくってひとかじりすれば、いとも簡単にいちばんおいしいフルーツが当てられる。つまり、量子コンピュータは量子の重ね合わせを利用して、多岐にわたる可能性をたった1回で試すことができるため、答えを出すスピードが格段に速いのだ。

るので時間がかかる。このような**ふつうのコンピュータの計算方法は「逐次実行」**と呼ばれ、結局20個全部食べる計算方法となるわけです。

ですが、**量子ビットを用いた量子コンピュータはいろいろな「重ね合わせ」が使えます**。3の項では、ジャンケンの量子の手はグー、チョキ、パーの3つの重ね合わせでしたが、それをいくつにも拡張できます。この長所を使って、まず「スーパー量子フルーツ」を用意します。このフルーツは20個のフルーツの重ね合わせですから、それらの性質が重ね合わさった1個のスーパー量子フルーツとなります。そこで、全部の重ね合わせフルーツに「どのフルーツがおいしいか?」と問いながらひとかじりすることで、簡単にいちばんおいしいフルーツを当てることができるのです。

こうした特性を持つ**量子コンピュータは、重ね合わせを利用して「たくさんの可能性を一度に試す」ことができる。それが最大の武器**なのです。

15 「波」を使って目標を簡単に探し当てる量子コンピュータ！

前項では「粒」の性質を使いましたが、この項では**「波」を使った量子コンピュータの計算方法**を取り上げてみます。

2つ目の例えは、「池で徳川埋蔵金探しゲーム」。濁った池の中には1m四方の箱に入った徳川家の埋蔵金が沈んでいます。1本の長い棒を使って埋蔵金を探してください、というゲームです。

池の底には将棋盤のようなグリッドが描かれ、それぞれのマス目のどこか1つに埋蔵金が眠っているわけです。探し方は、**ふつうのコンピュータでは池を1mおきに長い棒で挿して**いきます。この方法だと、ランダムにあちこち挿さなければなりません。運が良ければ一発で当てる可能性もありますが、だいたいグリッドの数の半分くらい挿したところで、埋蔵金に「ガキン！」となることが多いでしょう。

量子コンピュータのやり方は違います。池の表面を長い棒でちょんちょんと突き続けます。**池全体に小さ～い波が広がっていきます**。でも、よく見ると**池の1箇所だけ大きく波打っているところ**があります。そこで、棒をその波の下に挿すと「ガキン！」。

この例では、答えを探すために量子の波の性質を使っています。池全体に広がった小さな波は、淵などで反射を繰り返し、結果としてすべて打ち消すようになくなります。ですが、埋蔵金のある場所では波が少しだけ乱されるのです。そのためにそこだけは波が打ち消されず、目印のように大きな波が立つわけです。

前項とこの項では、例えを使って「粒」と「波」の性質を取り上げましたが、本当の量子コンピュータはこの2つの例を混ぜたような原理で計算しています。**「粒の性質の重ね合わせ」と「波の干渉」を使って正解を導き出す方法とは、粒と波の性質を持つ量子独自の方法**なのです。

徳川埋蔵金探しは「波」の性質を使う！

◉ふつうのコンピュータの場合

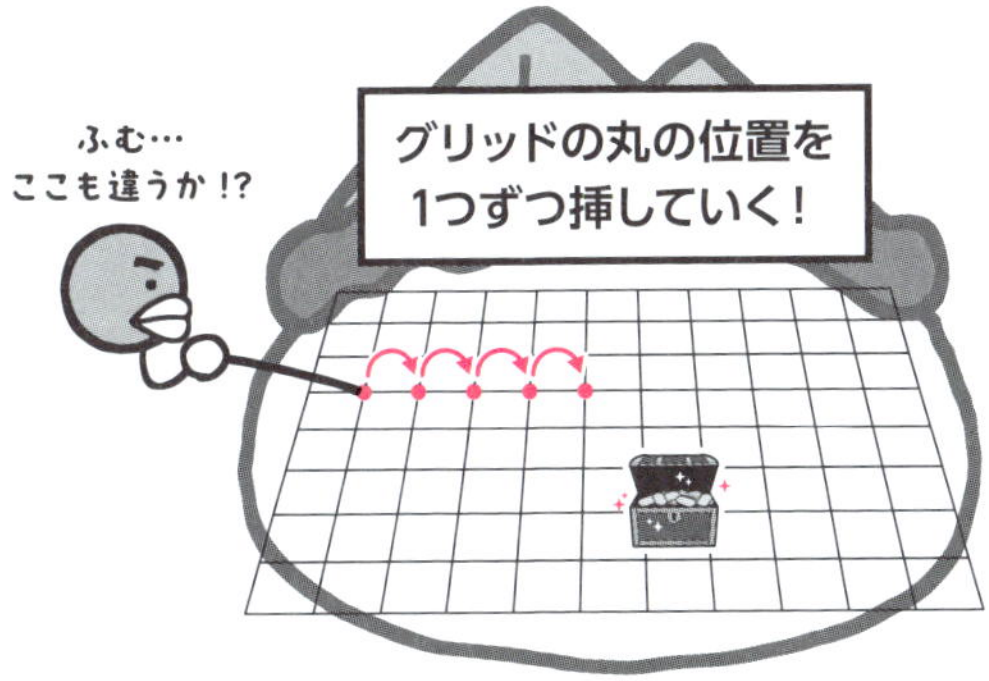

「ふつうのコンピュータ」が池に沈む徳川埋蔵金を探す場合、長い棒を使って1mおきぐらいに池を挿して確認するしかないので時間がとてもかかる。

◉量子コンピュータの場合

「量子コンピュータ」の場合は、池の表面を長い棒でちょんちょんと突くことで生じた小さな波が池全体に広がっていき、その波がすべて重なることで最終的に池全体の波を打ち消すようになる。ところが池の1箇所だけに波打っているところがあるため、そこに埋蔵金があることがわかる。

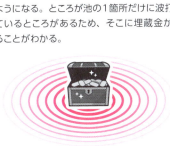

16 シンギュラリティの到来で AIは人間を超えてしまうのか？

2023年3月、理化学研究所で**国内初の量子コンピュータ「叡《えい》」**が公開されました。量子力学という小さな世界のルールで動くコンピュータは、その計算能力において現在のスーパーコンピュータを圧倒的に超える「量子超越性」を持つことが2019年Googleの研究で実証されました。このときのデモンストレーションでは、**スーパーコンピュータが1万年かかる計算を量子コンピュータは200秒で解いた**のです。

20世紀後半におけるコンピュータの発展は、現代テクノロジーをすさまじい勢いで進化させました。その代表として挙げられるインターネットやスマホは、わたしたちの生活が便利になったとか速くなったという量的な変化だけではなく、生活スタイルや生き方自体を根本から変えてしまいました。**テクノロジーの追求はAIや脳への埋め込み可能なニューロチップ、種々のサイバー空間、量子コンピュータなどを出現させた**のです。

そうした中、**「シンギュラリティの到来」**が密かにささやかれています。**シンギュラリティは「技術的特異点」**ともいわれ、**AIを含めたコンピュータの能力が人間を遥かに超えるという予想です。**人間より賢くなったAIは勝手に物理を勉強しはじめ、新しいコンピュータチップを自己開発

国内初の「量子コンピュータ」が誕生！

2023年3月、理化学研究所が公開した国内初の超伝導量子コンピュータ「叡」。

https://www.riken.jp/pr/news/2023/20231005_1/index.html

Googleが開発した量子超越性チップ

量子超越性を示したSycamoreチップ。チップの中には54個の量子ビットが埋め込まれている。2019年、Googleは既存のスーパーコンピュータでは1万年かかる計算を量子コンピュータがわずか200秒で解いたと発表した。

https://japan.googleblog.com/2019/10/quantum-supremacy-using-programmable.html

する。自分が制御するフルオート工場でチップをつくり新しいチップをインストールしてパワーアップする。さらに学習や開発を繰り返すことで、**人類を圧倒的に超えた無敵な知性を獲得するだろうといわれています。**そうして**「人間を超える能力」を提供するかもしれない次世代コンピュータの1つとして量子コンピュータがあります。**

もちろん、これらは少しSFのような要素を含んでいます。しかし、**コンピュータが人間に追いついて「人間化」をしている**のと同時に、さまざまなウェアラブル機器やニューロチップなどで**人間の「機械化」も確実に進んでいます。**もしかすると人間の機械化した脳にインターネットケーブルを挿せば、すべてのインターネット情報が脳に入り、インターネットにつながったすべてのカメラで世界を見て、つながっているすべての機械を自由に扱えるような日が来るのかもしれません。そのとき**人間は、量子コンピュータにもつながる「スーパー量子人間」になっているのかもしれません。**

コンピュータが人類の知性を超える！

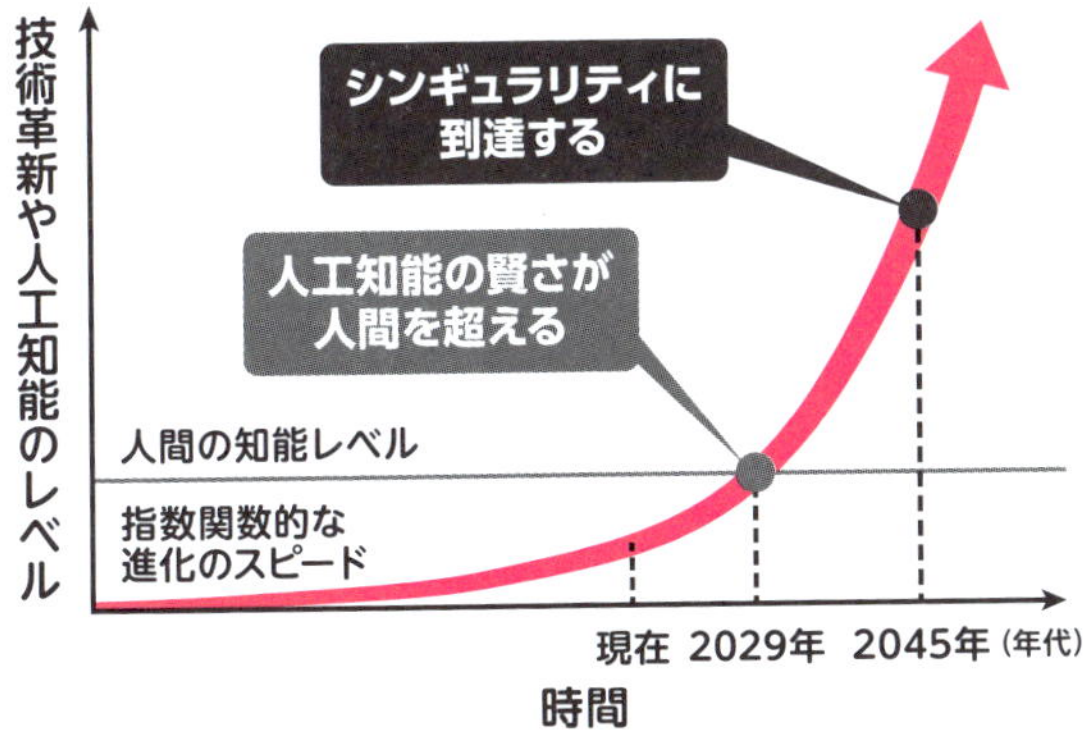

「スーパー量子人間」が誕生？

アメリカの未来学者レイ・カーツワイル（1948年〜）は、その2005年の著書『ポスト・ヒューマン誕生　コンピュータが人類の知性を超えるとき』で「シンギュラリティの到来」を予想した。シンギュラリティは「技術的特異点」といわれ、AIを含めたコンピュータが人間の知性を超えたあとの話だ。その「人間を超える能力」を提供するのが量子コンピュータなのかもしれない。

17 量子力学によって人の「意識」の起源が解明されるのか？

「意識」はどこから来るのかというのは、人類の大きな疑問の1つです。**意識は「脳の働き」**だという人もいれば、**脳ではなく「魂」のような別のものが意識の元となっている**という学者もいます。意識は人間のほか、イヌやネコなどの哺乳類にもありそうです。ハエや力となるとちょっと微妙です。体長が1㎜ほどのセンチュウの神経細胞は302個しかないそうなので、さすがにわたしたちのような意識はないのかもしれません。

物理学者は意識についてあまり話しませんが、それには理由があります。**現代物理学のほとんどは「決定論的」**なのです。つまり、**最初の状態がわかると、その後にどう振る舞うかはすべて物理法則で決まってしまう**のです。たとえば、投げたボールのある瞬間の速さと向きがわかれば、どこへ飛んでいくかが計算できるように、脳内の電子配列や原子の様子を全部書き出せば、その後の脳の動きはすでに物理法則で決まっていると考えることができます。**この考えを突き詰めると、人は自由に考えることができない**という結論に至ります。つまりそれは、**人には意思や意識がないということを意味してしまう**のです。

ですが、それでは困ります。実際にわたしたちには意識があるように思えるからです。そこで、一部の物理学者たちは、**量子力学の持つランダム性**（PART1-5参照）**こそが、意識を理解するための鍵なのではないか**と考えています。ただし、それはまだまだ議論の段階です。どうやって実験的に検証できるのか、それすら誰にもわかっていません。とはいえ、いつの日にか、わたしたちの意識を物理学で説明できるときが来るかもしれません。

量子力学が意識を扱ってこなかった状況に、量子コンピュータが一石を投じる可能性があるんだね。脳はとても複雑なため、脳をシミュレーションしようにもふつうのコンピュータでは非常にむずかしい。だけど、複雑な計算が得意な量子コンピュータの性能がさらに拡張していくとどうなるだろう。いまはまだSFのような段階だが、いずれ「脳の働き」や「心」がどうなっているかをシミュレートできるのではないかと考える研究者もいるよ。もしかすると、そんな研究からわたしたち人間の「意識」の起源が、量子力学を通して明らかになる日が来るのかもしれないよ。

COLUMN②

物理学者にとってもふしぎな量子の世界のルール

物理学者の中でリチャード・ファインマンという名前を知らない人はいません。ファインマンは1965年に「量子電磁力学」の発展に寄与したことで、日本の朝永振一郎と一緒にノーベル賞を受賞した物理学者です。端的にいうと「歴史上、もっとも量子力学を理解している人」の中の1人です。ファインマンはのちの物理学者たちに「ある言葉」を大きな遺産として残しました。

「もしも量子力学を理解できたと思ったならば……それは量子力学を理解できていない証拠だ」

ウィットに富んだファインマンは、なぞなぞのような名言をたくさん残していますが、これもその1つ。多くの物理学者はファインマンのこの名言と同じ感覚を量子力学に持っているはずです。

わたしたち量子力学の専門家でも、量子に関して「腑に落ちない」ところがたくさんあります。極端な例えを使えば、ある国で日本食が大流行し、味噌や醤油などの調味料はもちろん、モツ鍋や寿司なども大人気だとします。ところが、そこでは味噌汁にはたっぷりのりんごジャムを入れ、寿司はケチャップで食べている。理解しがたい食べ方ですが、しばらくその土地に住み、食文化に慣れてくると、「まあ、許せなくもない」と妥協できるようになるわけです。

量子力学を専門としているわたしたちは、この妥協の「プロ」なのです。「わからないけど、向こう（量子の世界）では、これが常識なのだから従ってみよう」とか「とりあえず信じて試してみよう」ということが連続します。また、あまりにも量子の世界に没頭すると、時に何が正解かわからなくなります。シンプルな量子力学の基礎が本当に正しいのか不安になり、「寿司に付けるのは醤油？ケチャップ？」と同僚に確認することなどしょっちゅうあります。

ですから、みなさんがこの本を読んで「量子ってなんかわかんない」と思ったなら、それこそが正解です。限りない妥協と楽観性がさらなる量子の世界へとみなさんを案内してくれることでしょう。

PART 2

量子力学が未来を照らす

1 量子力学が変えた生活！

量子力学が正式に誕生した年は1925年といわれています。ということは、2025年で100周年となるわけです。「えっ、そんなに長く量子力学はあるのか。でも、量子力学って何か役に立っていることはあるの？」

あります！

「量子」という名前こそあまり世間に浸透していませんが、その恩恵は社会の至るところに見られます。たとえば、わたしたちが使っている**コンピュータの「脳」の部分として存在するトランジスタは、半導体と呼ばれる物質でできており、その性質は量子力学を用いてやっと説明できる**ものです。

また、世界中のコンピュータをつなげた**インターネットでは、光ファイバーを使った光通信が必須**です。そこではレーザー光と呼ばれる量子の

社会を変えた量子力学

信じられないかもしれないけど、量子力学が生まれなければ現代生活はまるで違ったものになっていたんだね。半導体があらゆるものを変えたんだ。パソコン、インターネット、エアコン、スマートフォン、オンラインバンキング、全自動洗濯機、お風呂の自動湯沸かし、LED、医療分野ではMRIなどなど、その恩恵は家庭から社会全体に及んでいる。これらはすべて僕ら、量子力学の進化で生まれたものなんだよ。

量子力学が現代社会を支えている。コンピュータ（トランジスタ）、レーザー、MRI、全自動洗濯機、自動車などなど、その恩恵は計り知れない。

技術から生まれた特殊な光が用いられています。**コンピュータに送られた光信号は、フォトダイオードという同じく半導体素子によって電気信号に変えられてからコンピュータで処理**をします。

医療関連では**MRIと呼ばれる撮影装置**を病院などで聞いたことがあるかもしれません。こちらも**量子の技術を使った体の中まで見えるような装置**です。

このように量子技術はかくれた形でわたしたちの生活のさまざまなところで活躍しています。教育、通信、医療、交通、エネルギー、農業や工業などいろいろな分野において量子技術はその基盤となっているのです。量子力学の理解が、もし1900年からまったく進まなかったとすると、コンピュータやインターネットはもちろん、ひょっとするとラジオやLEDもなかったかもしれません。わたしたちは現在とはかなり違う生活を送っていたことでしょう。PART2では、わたしたちの生活を支えている身の回りの量子について見てみたいと思います。

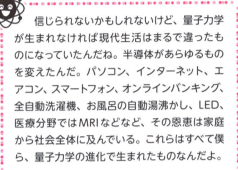

2 人は原子でできていてツブツブ、スカスカだ！

わたしたちの**体は原子でできています**。タピオカミルクティーには50粒くらいのタピオカが入っていますが、わたしたちの**体はおおよそ、その100,000,000,000,000,000,000,000,000倍の5.0×10^{27}個の原子でできて**います。ということは、**人間はとてつもない量の「ツブツブ」の集合体**ということです。

量子力学が初めてぶち当たった壁がこの原子です。とにかく、とてつもなく小さい物質が原子ですから、その1つをつまむことも見ることもできない。でも、**この原子がわたしたちの知っている「もの」のすべてをつくっている**わけですから、その正体を暴くことはとても重要でした。

研究の末、**原子は原子核と電子でできている**らしいことがわかってきました。ところが、それがどんな形でくっついて原子をつくっているのかがわからない。はじめは太陽の周りを地球や火星などが回っているように、原子核の周りを小さな粒の電子がぐるぐる回っていると思われていましたが、よく計算するとそのような原子では電子が原子核にいずれ引き寄せられて墜落してしまうことがわかりました。

さまざまな構造が提案されてはボツになりましたが、**現在では原子は原子核を取り囲むように電子の雲が囲っていると思われて**います。この**雲の形は球のようであったり、ひょうたん型であったり、ドーナツ型であったりと、いろいろな形を持っている**ことが知られるようになりました。つまり、**原子は結構スカスカ**なんですね。

世界の「もの」はすべてが原子でできている。わたしたちも原子でできている。しかもツブツブでスカスカなのです。

原子内の電子は基本の粒子

電子はあらゆる物質を構成する基本の粒子だ。

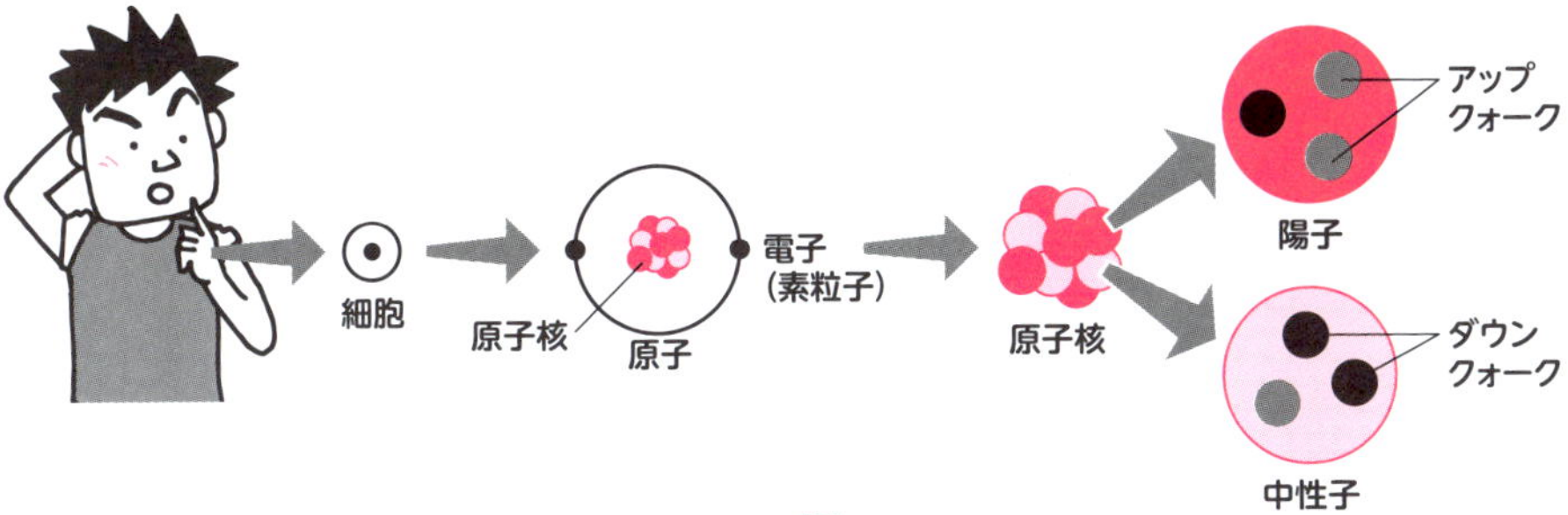

初めのほうの原子モデル

電子の死

原子の中では原子核の周りを回る電子が原子核にいずれ引き寄せられて墜落する。

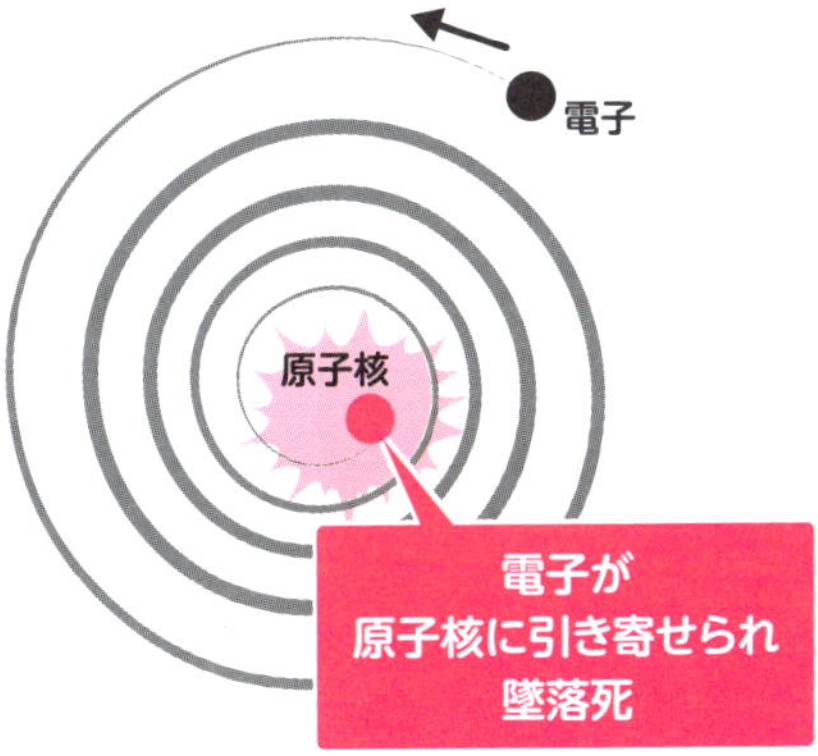

いまの原子モデル

原子は原子核を取り囲むように電子の雲が囲っている。

人間は原子でできているけど、原子ってツブツブ、スカスカなんだね。だから、そのことをお父さんとお母さんに教えてあげよう。「おとんもおかんも頭がツブツブで、スカスカなんやで～」って。

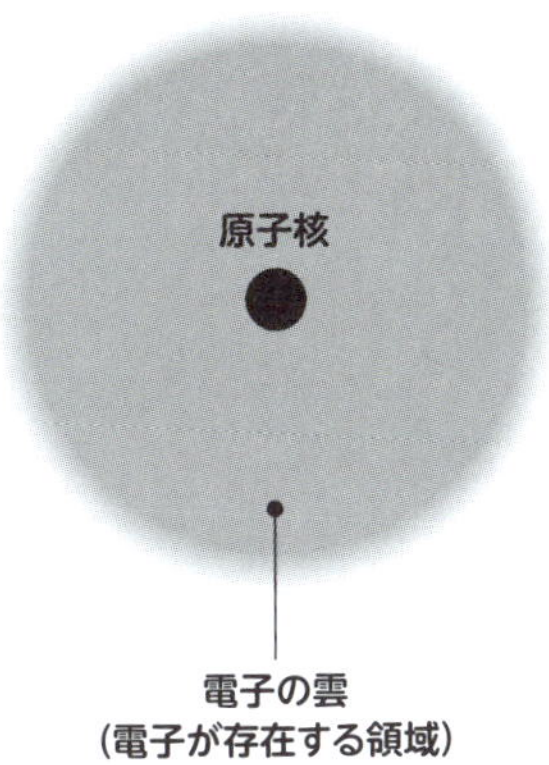

3 「仲良し光」の大行進がレーザーだ！

量子力学の貢献の1つとして、レーザーの理論的予想と開発があります。理論的予想は1917年の**アインシュタインの「光の理論」**にはじまり、たくさんの人がかかわりました。その後の1960年、セオドア・メイマンが初めてつくったのが**「ルビーレーザー」**と呼ばれる、**合成ルビーを光の製造元として使ったレーザー**です。

ふつうの**電球から出てくる光は、出る方向も色もバラバラ**で出てきます。それに比べて**レーザー光は1色で1直線**に出てきます。茹でる前の乾燥そうめんはまっすぐ束になっていますが、茹でると柔らかくなり、先っぽがあちこちに向いています。**レーザーとは、**この茹でたあとのそうめんのような**バラバラの光をビシッと束ねる作業をする（実はすごい）装置**なのです。そうして束になった〝そうめん光〟を1つの方向にズドーンッと出すわけです。また、**レーザー光**は強いだけではありません。**きれいな波としての特徴**も持っていて、波が何かによって乱されるのを観測することで**さまざまな測定にも使える**のです。

このようなレーザーの特長から金属の溶接や外科手術用のメス、自動運転用の速度や位置センサー、光ファイバーを通してインターネットの情報の運び屋としても使われています。スーパーマーケットなどでバーコードを読む機械も、きれいな波のレーザーを飛ばしてバーコードでガタガタにされたレーザー光を測ってバーコードの情報を読み出しているのです。

レーザーは、量子力学特有の光の「仲良しになりたがり」の特徴（光の誘導放出）をうまく使った装置です。1つの光の粒をレーザーに入れると、たくさんの光がその真似をして出てくるような仕組みにできています。同じ色の光が大量コピーされて同じ方向に並んで出てくる「仲良し光」の大行進がレーザーなのです。

電球なんかのふつうの光って向きも位相もそろっていないからバラバラに進んでいくし、色もさまざまなんだ。でも、レーザーは波長が単一だから色は1色だし、向きも1方向に進んでいくんだね。おもしろいのは光を1粒（光は波でもあるし、粒でもある）レーザー装置に入れてあげるとたくさんの光が真似をして同じ方向に出てくるんだよ。だから、「仲良し光」って名付けたんだ。

電球光の特長

電球はレーザーと違って光に「真似する」仕組みが含まれていないため、色も方向もバラバラの光を出す。

レーザー光の直進性、仲良し光の大行進

レーザー装置の箱に1粒の光を入れると、箱の中ではたくさんの光が製造される。それも、入れた1粒の光とまったく同じ色と方向で全部出てくる。仲良しの光がたくさんいっせいに出てくるのがレーザー光線である。

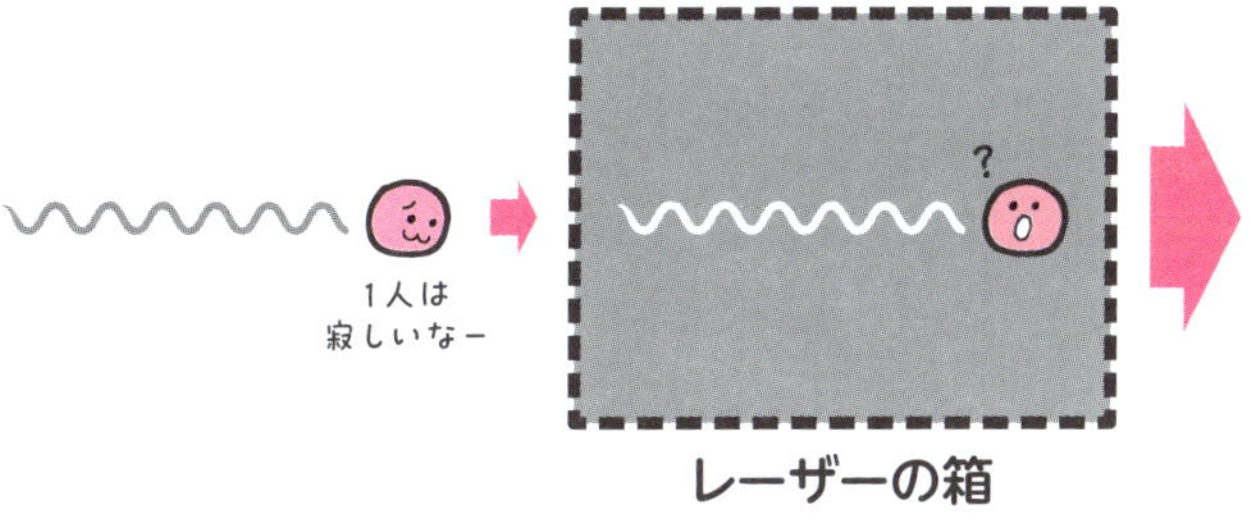

4 半導体トランジスタが変えた世界の景色？

電気的な特性を表す言葉に**「絶縁体」**や**「導体」**があります。冷静に考えるとすごく意地悪な名前の**「絶縁体」は電気をまったく通さない**もので、逆に**「導体」は電気をツーツーに通します**。雷の日に導体である金属のゴルフクラブを振り上げると、雷が落ちやすいのもこの性質が元になっています（ゼッタイにやらないで！）。

絶縁体と導体の真ん中と考えていい物質が、**「半・導体」**です。文字通り**半分だけ導体の性質**を持っています。半導体は気まぐれで、電気を通すときと通さないときがありますが、その性質の詳細がわかったのは**量子力学のおかげです。量子力学を使うことで半導体がどんな条件になると電気が流れたり流れなかったりするのかがわかる**ようになり、電気の流れをコントロールできるようになったのです。

その**半導体が世界を変えました**。1947年に発表された**トランジスタ**の開発です。**トランジスタとは電気のスイッチ**です。そう聞くと「うちの壁にも電気のスイッチはある」と思うかも。その通りです。半導体はわたしたちが使うふつうの電気のスイッチと一緒です。**違いは指で押すスイッチか、電気で押すスイッチか**、です。

わたしたちは算盤《そろばん》を指で押して計算します。電卓はそれを電気で行います。電気がトランジスタのスイッチを押す、そのスイッチから流れた電気が次のスイッチを押す、という仕組みで**たくさんの電気スイッチが組み込まれた複雑な算盤が電卓**です。わたしたちが使う**コンピュータはスーパー電気算盤**です。中には信じられない数のトランジスタが詰まっていて、つぎつぎと電気スイッチの配列を押していくことで計算しています。

現在使われている**コンピュータチップには1000億個以上のトランジスタが詰まって**います。この**大量の電気スイッチがつぎつぎに押されることで電子メールを送ったり、動画をインターネット経由で見たりと、さまざまなことができる**ようになったのです。

絶縁体・導体・半導体の特徴

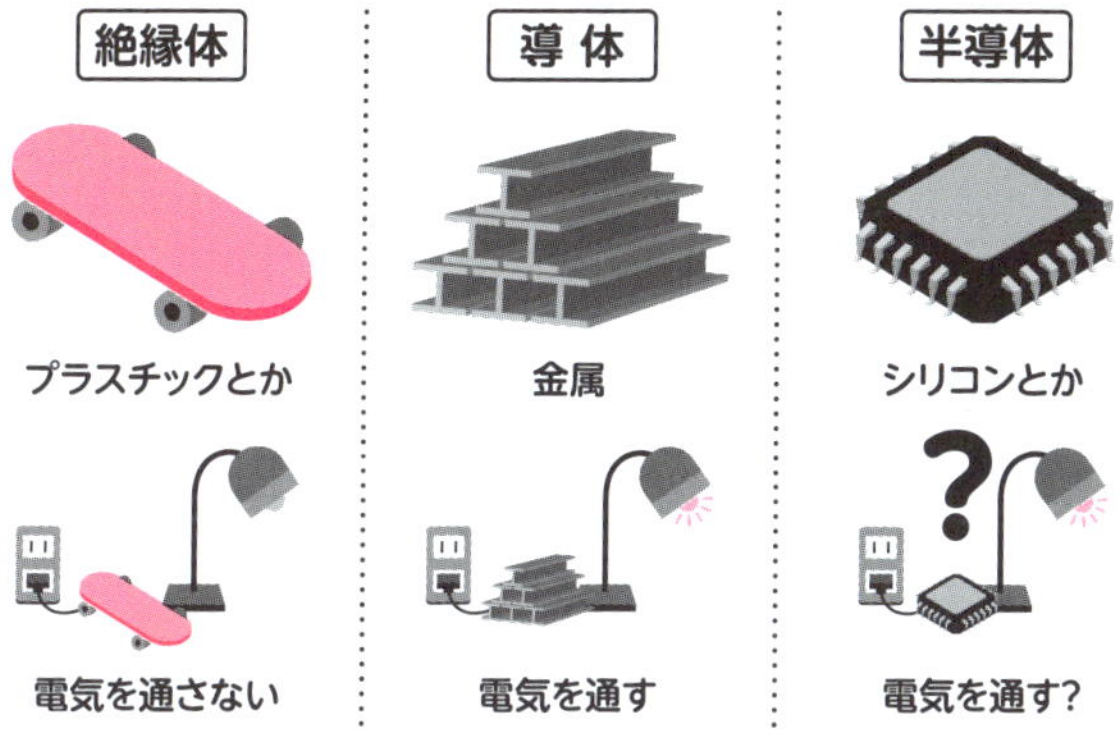

計算機には電気スイッチがいっぱい

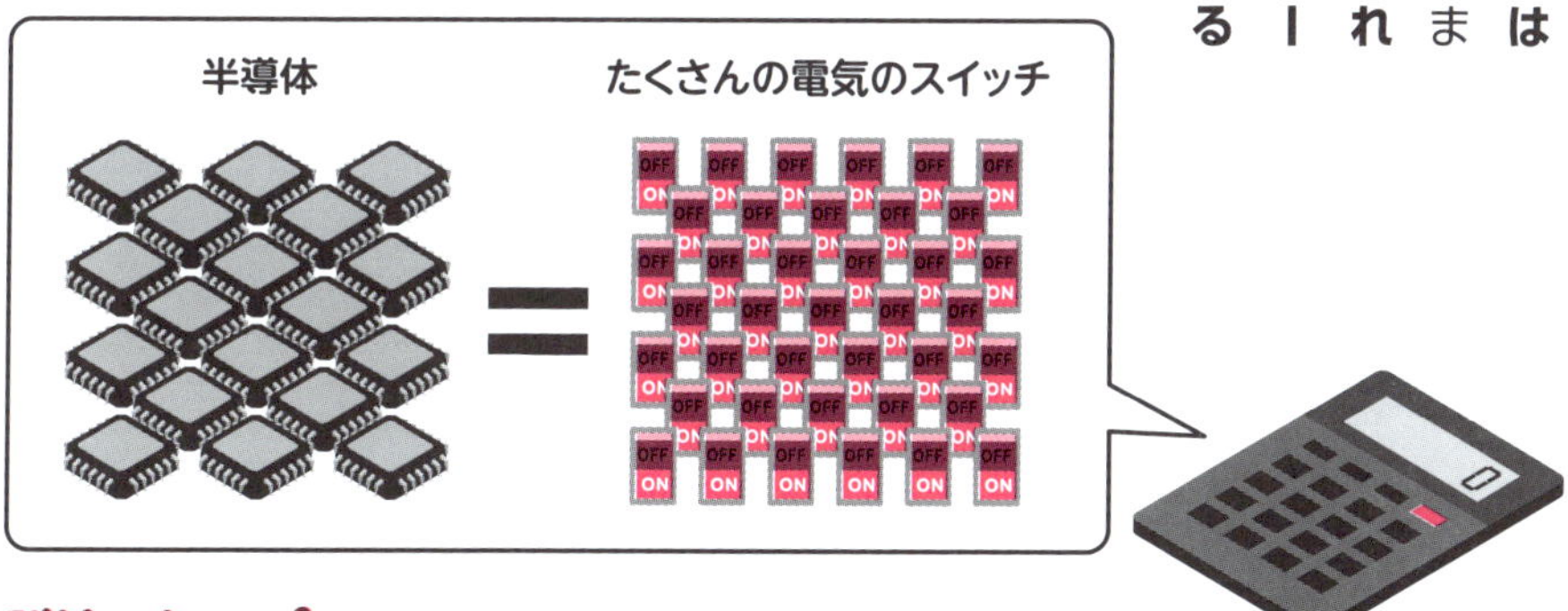

脳とチップの戦い

ちなみに人間の脳の中のニューロン（脳のスイッチ）は900億個といわれているんだね。最新のコンピュータチップのトランジスタ数(電気スイッチ）は1000億個以上も入っているから、いまや人間の脳のスイッチ数を追い抜いちゃった。人間とコンピュータのどちらが賢いか、ここからが正念場だよ。

5 MRIを働かすのは体の中の「音叉」！

みなさん、音叉《おんさ》って覚えていますか？　音楽の授業で出てきたフォークのいとこのような二股に分かれた金属棒です。音叉を軽く叩くと、音叉は揺れて特定の音、たとえば「ラ」の音を出します。揺れていない音叉を「ラ」の音が出ている楽器の近くに持っていくと、音叉は揺れはじめ、自然に「ラ」の音を出しはじめます。この現象のことを共鳴と呼びます。音叉は別の楽器の音に共鳴して揺れ始め、自らその音を出しはじめたのです。

量子力学的に見ると、この世の中は特殊な「音叉」だらけです。実はわたしたちの体をつくっている**原子も音叉のように共鳴する**のです。その**原子の特性を使った医療装置がMRI**と呼ばれる装置です。みなさんもどこかで脳や体の中を輪切りにしたような写真を見たことがあるかもしれませんが、これらの写真は**MRIという量子「音叉」測定装置で撮られている**のです。

わたしたちの体の中にはたくさんの**水素原子**が含まれていますが、これが**量子的な「音叉」**です。MRIの装置の中ではつぎのようなことが起こっています。ドームのような装置を使って、**体の中に電磁波を当てます**。そうすると**体の中の水素原子がいっせいに共鳴し、当てたものと同じ電磁波を出しはじめます**。この出てきた電磁波に集光マイクのようなセンサーを向けて「耳を澄ませ」ると、**水素原子が多くあるところからは、たくさんの共鳴電磁波が聞こえます**。水素原子が少ないところからはあまり聞こえません。**体の表面だけではなく中からもその共鳴が聞こえてきます**。この**水素原子の共鳴がどれくらい聞こえたかを濃淡に表したものがMRIの写真**というわけです。

この世の中は量子でできているんだね。宇宙も地球も生物もすべてだ。ピンとこないかもしれないけど、僕らの前に広がる風景なんかも目の前のこの本もすべて量子。あなたの愛するワンちゃんもニャーと甘えてくるネコちゃんも量子でできているよ。だから、当然、僕らの体も原子という量子でできている。ということは、人間の体は生きた量子の塊といっていいんだよ。そうして、時に音叉のように共鳴するんだね。

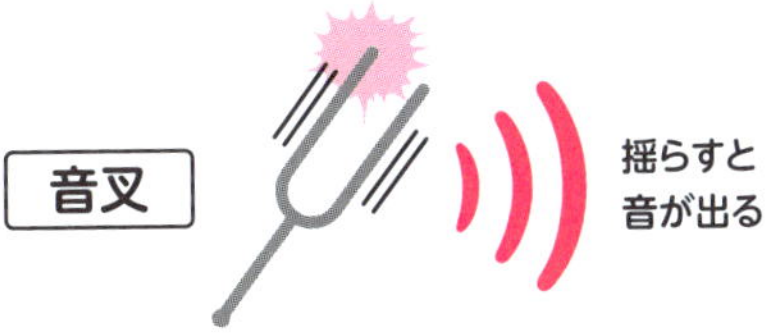

MRIの仕組み

MRIは体内に電磁波を当てる装置だが、体の中には多くの水素原子が含まれている。そこに電磁波が当たると体内の水素原子がいっせいに共鳴し、多くの共鳴電磁波が生じる。水素原子の多いところでは多くの共鳴電磁波が、少ないところでは少ない共鳴電磁波が出現する。その濃淡を画像処理するのがMRIという機器だ。そうした共鳴電磁波が生じる水素原子を量子的な「音叉」と呼ぶ。

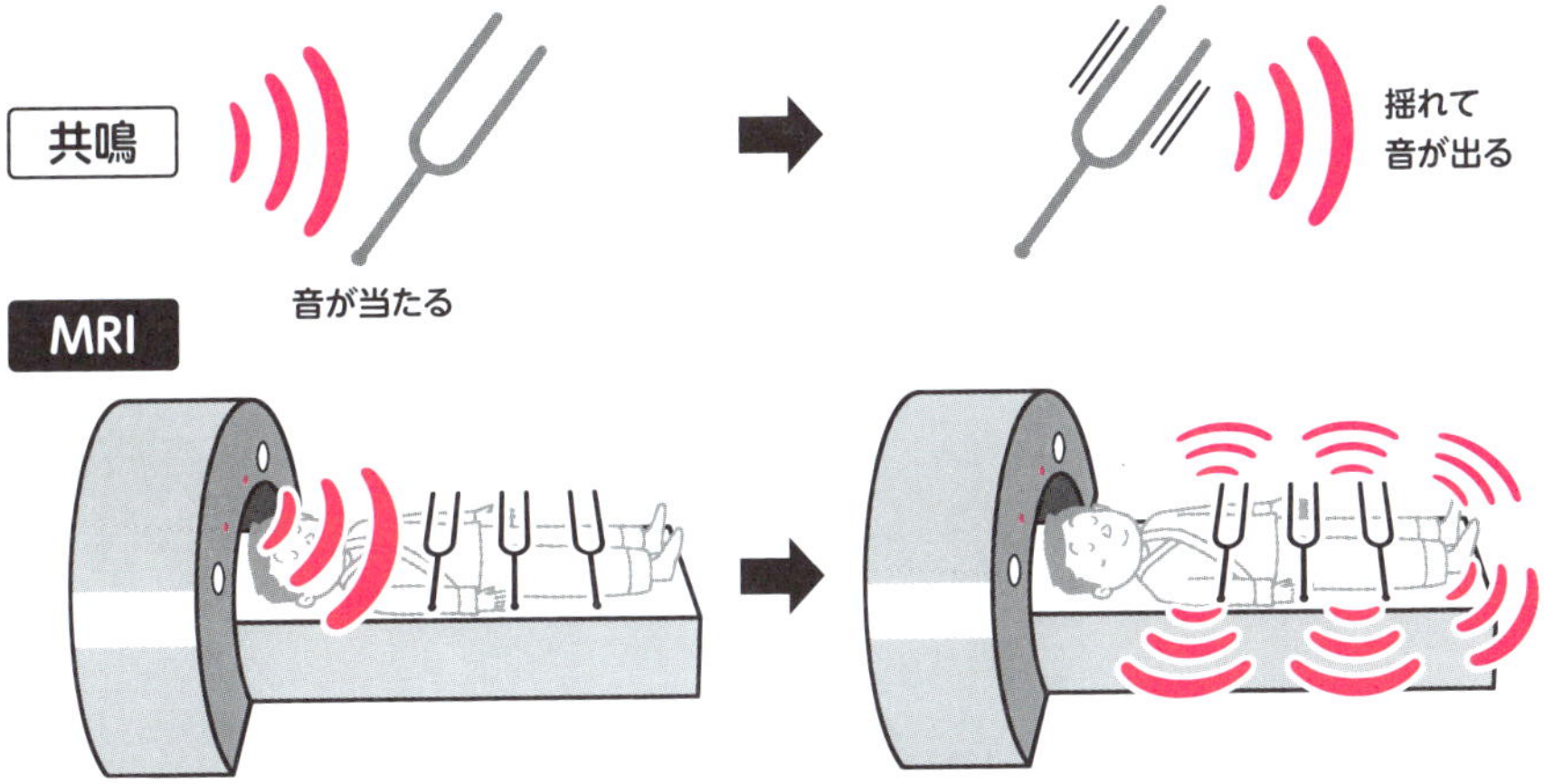

MRI画像

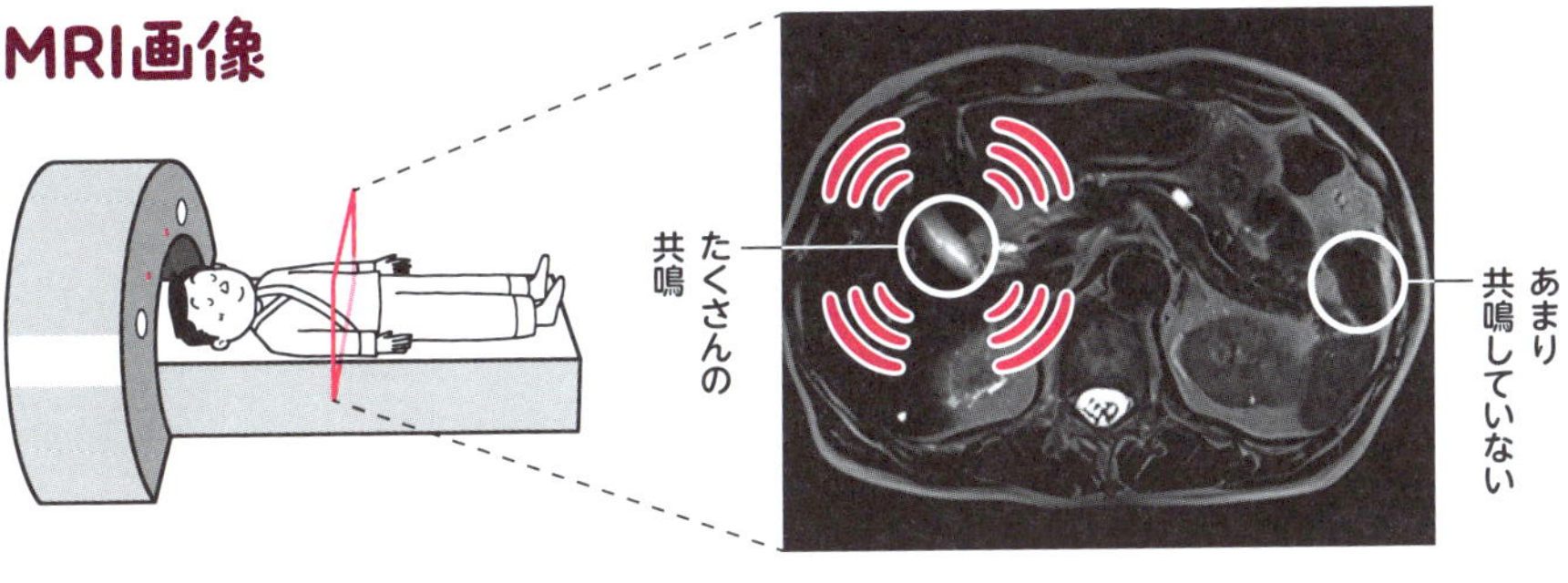

丸囲みの白い部分はたくさん共鳴し、黒い部分は共鳴が少ない。わたしたちの体は、人体構造としては筋肉や脂肪、血液など多くの細胞で成り立っているが、物理学的には「量子の塊」なのだ。

6 量子テクノロジーで超高性能量子デバイス開発へ！

これまでレーザーやトランジスタ、MRIなど量子力学のふしぎが活躍している物を紹介してきましたが、ここからは現在研究されている次世代の量子テクノロジーについてちょっとだけ紹介したいと思います。

量子力学を少し勉強していくと、さまざまな「ふしぎ」に出会うことがあります。でも、これはわたしたちにとってふしぎなだけで、量子の世界では当然のことなのです。

たとえば、**物質（光や電気）に現れる「粒と波の二重性」などはよく知られている量子のふしぎ**です。それ以外にも**「量子重ね合わせ」「量子もつれ」「量子トンネリング」「不確定性原理」「量子テレポーテーション」**など、わたしたちの想像を超えた物理現象があったり、時には「そんなのありえない……」と思うような量子のふしぎが数多くあります。

量子テクノロジーは、すでに世の中にあるデバイス（パソコンやスマホ、タブレットなどの端末）や装置とこのような量子の「ふしぎ」をくっつけることによって、いまあるデバイスを圧倒的にぶっちぎった精度や速さ、新機能を持つ新しい量子デバイスをつくることをめざしています。

そんな能力を持つ量子テクノロジーは大まかに4つに分類することができます。以下ではこれらの量子テクノロジーの4例を見てみましょう。

量子テクノロジーの4例

量子計測・量子センサー	頭抜けた高精度の測定
量子通信	とてつもない安全性を持った通信
量子シミュレーション	新素材・新物質などを予測
量子コンピュータ	かつてない計算量

量子計測・量子センサー

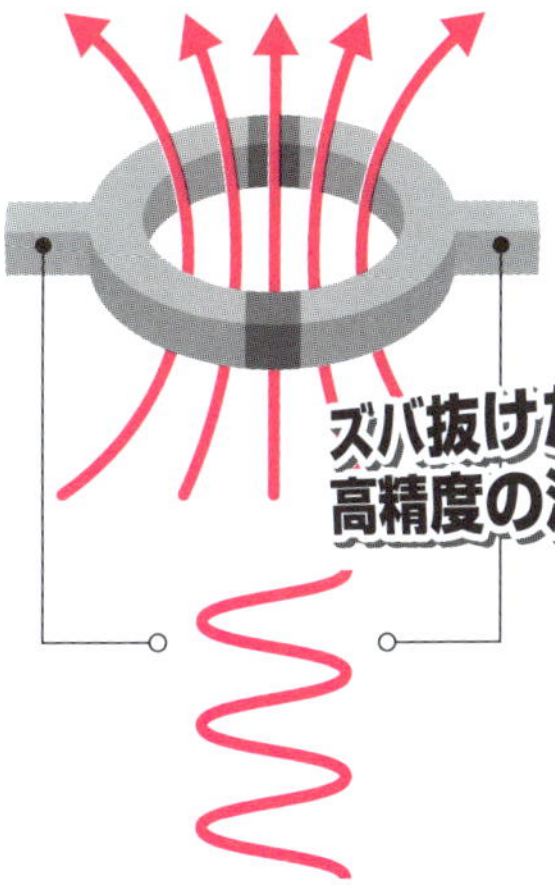

量子シミュレーション

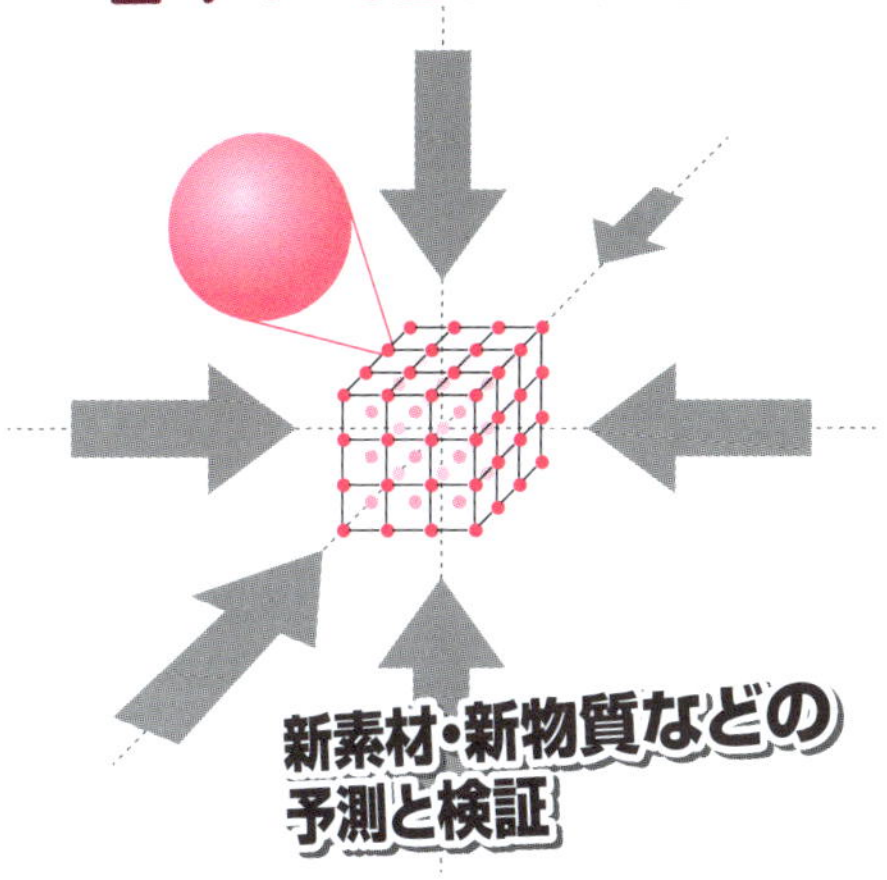

量子通信

量子コンピュータ

量子テクノロジーって、量子力学の世界に現れる「ふしぎ」や「奇妙」ともいえる性質を、さまざまなテクノロジーに応用することなんだね。ここで紹介したふしぎ以外にも、「トンネル効果」「量子暗号」「量子イメージング（撮像）」などがあって、その実用技術に期待が持てるわけ。いままで科学者の中だけで使われていたものが、世界を変えていくかもしれないような新しい分野だよ。

7 小さな変化も逃さない量子センサー！

「電子が1個、電子が2個〜」と量子の粒を数えることは、世界でいちばん小さなスケールで〝もの〟を数えていることになります。そうした特徴を使って**小さな変化を測定する装置が「量子センサー」**で、数える対象にはエネルギーや明るさ、電気、位置、速さなどさまざまなものがあります。

量子センサーで**もっとも有名なセンサーの1つが磁場のセンサー**です。**磁場（の束）の最小単位は磁束量子**と呼ばれ、1束、2束と数えることができます。ちなみに、みなさんの体にはいま地球からの磁場がおおよそ100億束くらい通っています。なので、磁束量子1束がいかに小さいかがわかるかと思います。

磁場の精密測定には超伝導体という特殊な物質が使われています。この物質をリング状にした**「超伝導リング」**は、磁束が1束、2束、3束〜と整数でしか入らない特徴を持っていますが、これを使って小さな磁場の変化を数えることができます。それが最小の数え方だと思っていたら、さらに応用型の**「SQUID（スクイッド）」**というすごいデバイスが登場しました。先ほどの超伝導リングにうっすら切れ目を入れたSQUIDでは、リングの中を整数以下の束までが通れるようになりました。たとえば2・1束、2・2束〜のようにです。いまでは非常に精密な磁場が測れるようになった**SQUIDを使って、半導体検査や地熱調査、金属資源の探索などさまざまな測定が行われています。**

わたしたちに身近な応用の例として、SQUIDを使った脳磁場の測定があります。わたしたちの**脳は興奮するとすごく小さな電流が流れ、その電流によってほんのわずかな磁場が発生**します。

量子センサー 超伝導リング

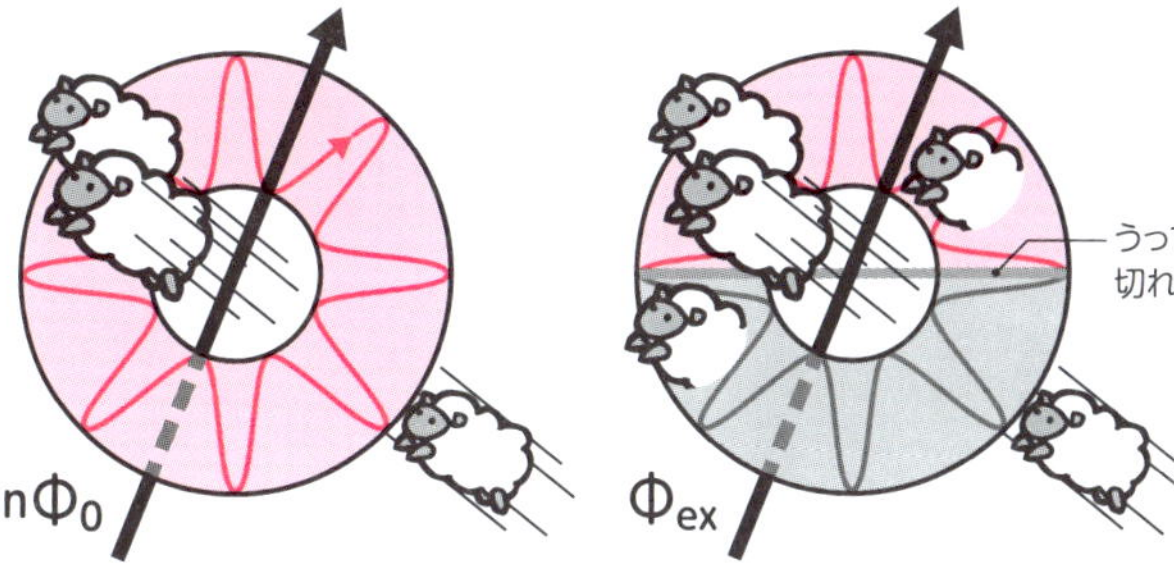

量子センサーの超伝導リングでは左図のように整数個だけ穴の中を磁束が通れるが、SQUIDでは右図のように整数個以外でもリングを通れる。量子センサーは非常に高い感度で磁場や温度などを測定できるため、既存のセンサーでは計測不可だった微弱な信号を感知し、生体内の活動などの測定も可能。

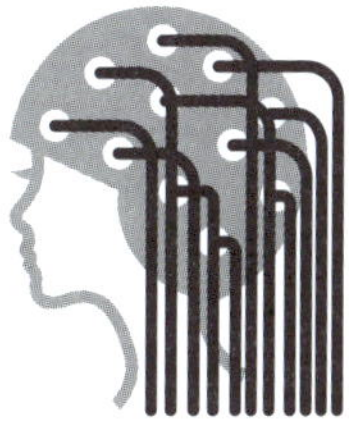

脳磁計

被験者が動いてもスキャンが可能となった脳磁図検査用スキャナー。この装置は脳全体をスキャンして脳の電気生理学的過程が観察できるため、罹病時や健康状態での脳の活動を調べることができるという。

資料：fabcross for エンジニア　powered by MEITEC

この微小な磁場の変化をSQUIDは逃しません。多様なシチュエーションで**脳のどの部分が活動しているのか測定することで、脳の機能の理解が大きく進んでいる**のです。

「ひつじが1匹、ひつじが2匹〜」なんて寝るための呪文があるよね（これは都市伝説がいろいろあって出元がはっきりしない）。ひつじを「電子が1個、電子が2個〜」に変えて数えてみると、この世でいちばん小さな単位をボーッと唱《とな》える単調さに、ついまぶたがふさがるかも。そんな極小のものを物理的に測定するのが「量子センサー」。中でもSQUIDは磁場を測るためのすぐれた装置なんだね。それに脳磁場も測れるから、あまりにも怒り狂っている人には、「怒り過ぎて頭から湯気と磁場が出てるよ」とこっそり教えてあげるのもいいかも。

8 安全な通信を可能とする量子通信の実力!

現代の情報社会の発展は**高速で安全な通信環境に支えられています**。インターネットにつながれない状況ではパソコンやスマホはかなり無力です。パソコン同士が通信できるおかげで、出張先でも会社のファイルを確認し、銀行口座のお金を移動したりとさまざまなことができます。逆にインターネットにつなぐことで盗聴やパスワードが盗まれる可能性が高いと、誰もインターネットを使わなくなりこの便利さは一瞬で消えてなくなります。つまり、**安全な通信というのがこの便利さのすべてを支えている**わけです。

量子力学の原理を使って**絶対に盗聴が不可能な通信方法や量子コンピュータ同士の情報のやり取りを可能にするのが「量子通信」**です。中でも長距離通信で重要な技術の1つが**「量子テレポーテーション」**です。テレポーテーションはSF映画などで描かれる**一瞬で月に飛ぶような瞬間移動**です。ただし、量子テレポーテーションは**もの**ではなく**情報**を飛ばします。仕組みは少しむずかしいので大雑把に説明します。

量子テレポーテーションでは、例の**もつれバナップルペア**(PART1-6)**が活躍**します。アリスとボブがそれぞれ地球と月でペアとなっているバナップルを持っています。地球にいるアリスがバナップルと送りたいフルーツ、たとえば「イチゴ」を一緒にミキサーにかけると混ざったフルーツはなんとオレンジに。月にいるボブに「オレンジになったよ」と電話します。ボブは自分のバナップルだけをミキサーにかけますが、手元には「オレンジ=3秒、モモ=5秒、マンゴー=8秒」といったレシピがあります。地球ではオレンジが出てきたので、バナップルを3秒間ミキサーにかけてみると、ミキサーには「イチゴ」が出てくるのです。ここではイチゴでしたが、オレンベリーやマンジといった「量子重ね合わせフルーツ」も送ることができます。理屈がわからない魔法のような話なのですが、実は科学者にとっても量子テレポーテーションはマジックのようです。

　離れた量子コンピュータ同士にミキサーを設置すると、量子コンピュータ同士で量子フルーツの通信が可能になります。同様に**もつれバナップルペアをたくさん用意して多くの人に配れば、量子情報を誰にでも量子テレポーテーションで送れる量子インターネットが構築できる**のです。

　現在のスーパーコンピュータはたくさんのパソコンを通信用のＬＡＮケーブルでつなげたものだね。それがいまではたくさんの量子コンピュータを量子通信網でつなげた量子インターネットの開発研究が進められているんだよ。

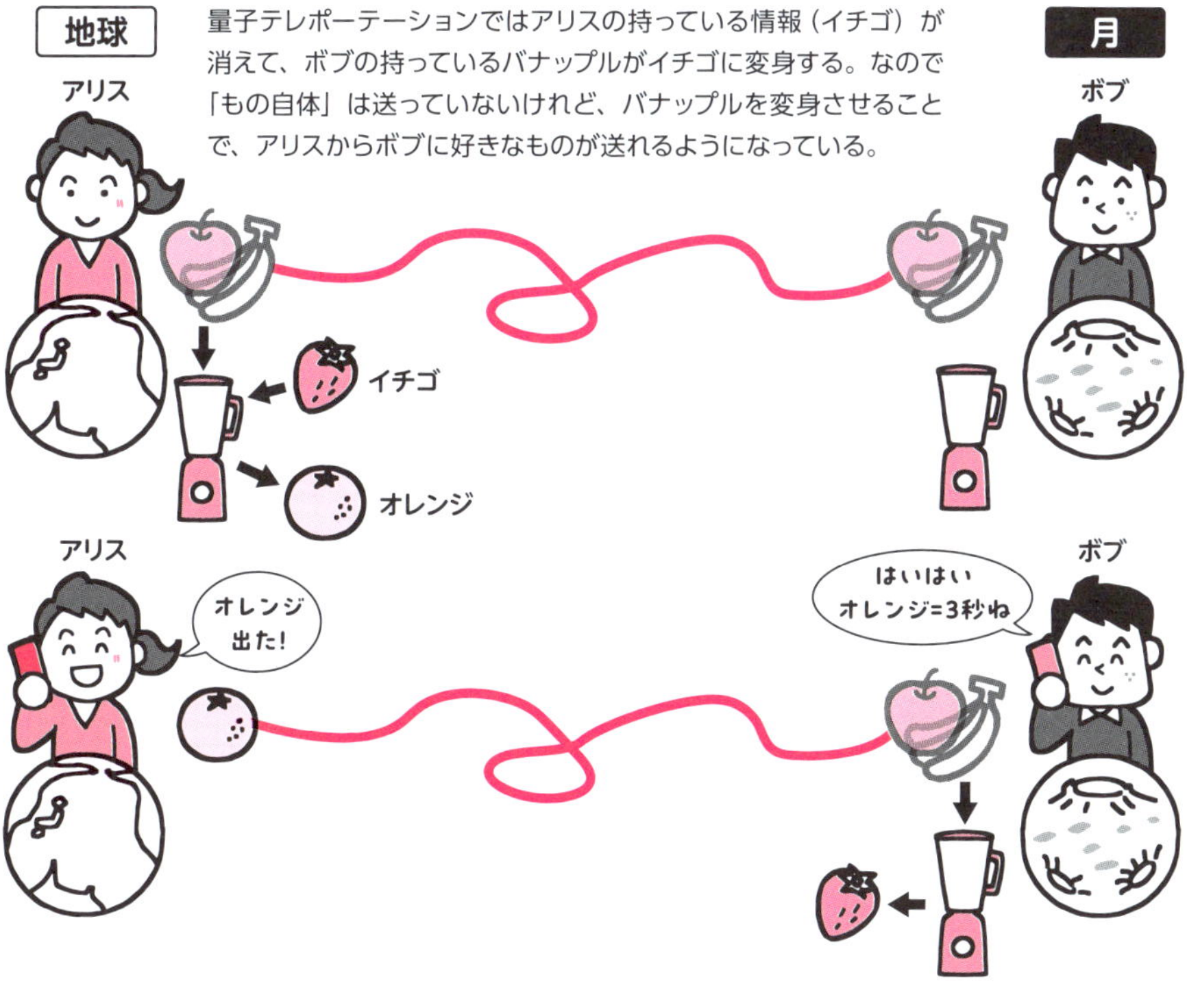

量子テレポーテーションではアリスの持っている情報（イチゴ）が消えて、ボブの持っているバナップルがイチゴに変身する。なので「もの自体」は送っていないけれど、バナップルを変身させることで、アリスからボブに好きなものが送れるようになっている。

9 量子シミュレーションで新しい物質の特性を探る！

シミュレーションとは「模擬テスト」をすることです。ものづくりでは頻繁に本物に似せたミニチュア版を使って、実物がどのように動くか模擬テストを行います。たとえば、たくさんのコンピュータにゲームとして車を運転させ、お盆の東名高速道路の混雑具合を予測したりします。コンピュータの性能が上がり、さらに複雑なシミュレーションが可能となってきましたが、実は量子力学のルールで動いている「量子システム」は、いまのコンピュータでは非常にシミュレートしづらいということが知られています。

そこで出てきたアイデアが、**「量子シミュレーション」**です。1981年、アメリカの物理学者リチャード・ファインマンは、講演で**「量子システムをシミュレートするなら量子力学に基づく方法でやったほうがよい」**と提案しました。現在行われている多くの量子シミュレーションは、**「操作しやすい量子実験を使って、別のものを模倣」**しています。その1つが**冷却原子を用いた固体の量子シミュレーション**です。

固体の中では原子が並んだ結晶格子と呼ばれる、ある意味迷路のような構造の中を電子が飛び回っています。壁にぶつかったり、通路をまっすぐ進んだりを繰り返して動く**電子の様子がこの固体の性質、たとえば導体、絶縁体、半導体、超伝導体といったものを決めていきます。**行き詰まってどこにもいけない電子だらけなのが絶縁体、壁をスルッとすり抜けながら進むのが超伝導体という具合です。

冷却原子を用いた量子シミュレーションでは、真空チャンバー（真空槽）の中に強いレーザー光を発射し、プロジェクターの要領で気ままな「迷

冷却原子を利用した固体の量子シミュレーション

固体の中には原子が並んだ結晶格子（結晶内での原子の配列構造を表すもの）があるが、これは一種の迷路のような状態。その中を電子が飛び交い、そのときの電子の様子で導体や絶縁体、半導体、超伝導体など、固体の性質が決まる。

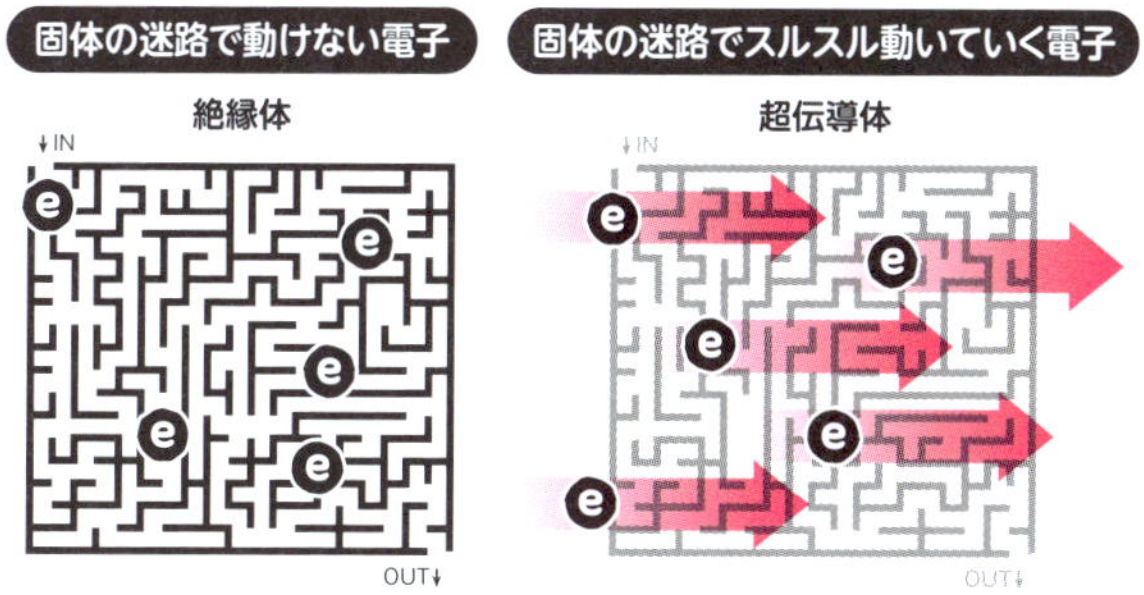

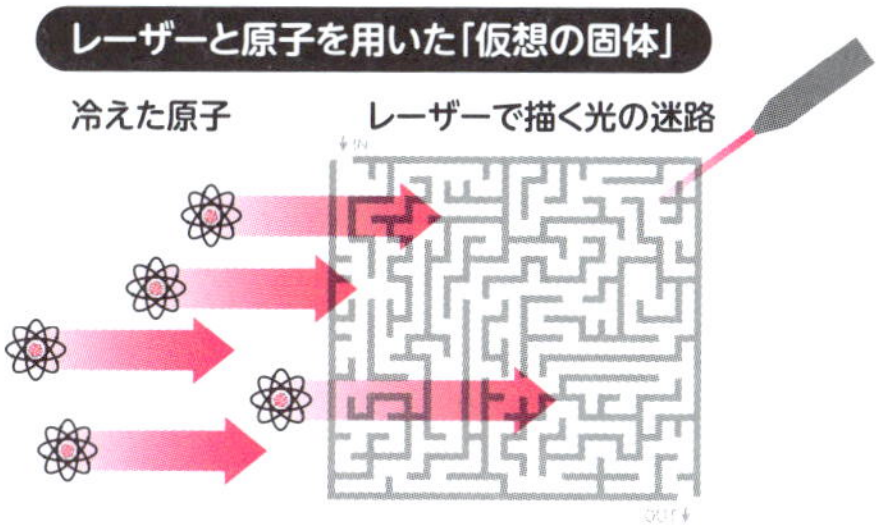

レーザーを使った物質の「模擬テスト」

冷却原子を使って真空チャンバーの中に強力なレーザー光を発射し、空中にさまざまな迷路を描いていく。原子の飛び方を調べると電子が固体の中をどのように動くのかがわかる。迷路の形を変えることでいろいろな物質の「模擬テスト」ができ、各種素材の特性が試せる。

路」のパターンを空中に描いていきます。さらに別のレーザー光で壁や通路の中を原子がどのように飛んでいくのかを調べると、まるで電子が固体の中を飛んでいくように振る舞っているのがわかります。このレーザー光の「迷路」の形を変えると、各種物質の「模擬テスト」ができるようになります。

量子シミュレーションは、室温超伝導体の開発やブラックホールの「ホーキング放射」の解明など、幅広い研究用途で使われています。

シミュレーションとは、「模擬テスト」することをいうよ。例として図のように砂浜で砂山をつくってそこにトンネルを掘ってみよう。砂の湿り気や固め方でそのトンネルの強度が変わるよね。また、橋の強度は割り箸などを使って試すことができる。さらにコンピュータを使った計算でシミュレーションすることもある。たとえば、道路の渋滞はコンピュータでシミュレーションされているよ。

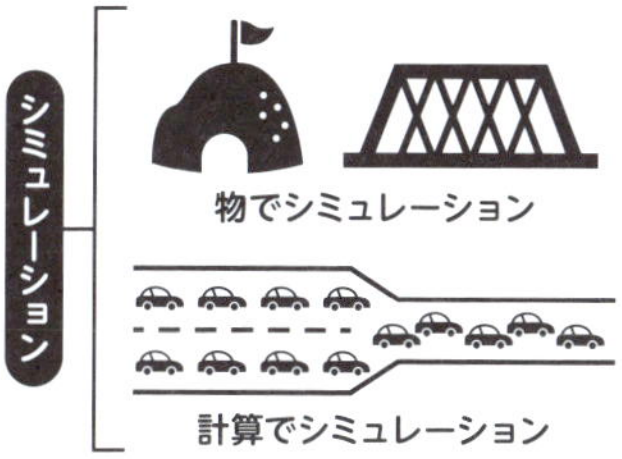

10 期待される量子コンピュータはまだ開発途上だ！

２０１９年、「量子超越性」が実験的にデモンストレートされ、**世界で最速のスパコンが１万年かかる計算を量子コンピュータが２００秒で解いたと発表**されました。２０２３年３月には理化学研究所などの共同研究グループによって国内初の量子コンピュータがクラウド上で公開され、「重ね合わせ」や「もつれ状態」といった量子力学特有のふしぎをうまく使った新たなコンピュータがお披露目されました。**量子コンピュータの「得意な計算」では、これまでのコンピュータより圧倒的な計算力がある**ため、量子コンピュータの開発には世界的なＩＴ企業が参入しています。GoogleやIBM、Microsoft、Intel、日本でもいくつもの企業が開発に着手しています。

量子コンピュータにはさまざまな種類がありあます。**イオントラップの利用や超伝導量子回路、半導体量子ドット、光回路、冷却原子などのハードウェア**がありますが、まだ**どの種類が最良かは決定していなくて、各研究チームがしのぎを削っている段階**です。現在、小規模の量子コンピュータは開発されていますが、これはある意味４桁目くらいまでの計算が可能な電卓ができたようなものです。もちろん、計算機としては使えるのですが飛び抜けたものではなく、まだまだ伸びしろがあるのです。

現在、**量子コンピュータのチャレンジには２つあって、１つ目は集積化**。これはたくさんの量子トランジスタ（量子ビット）を用意して大量計算を一度にできるようにすること。**もう１つは間違えを自分で見つけて直すこと**です。どんなコンピュータでも多少の間違いをします。これを「確かめ算」のように計算が間違えていないか自ら確認修正ができればいいのですが、まだうまくいきません。

量子コンピュータは実現が熱望されている量子テクノロジーの1つで、その応用可能性は非常に高いのです。中でも新しい薬や新素材の開発、さまざまな社会システムの最適化に使えると期待されています。

量子コンピュータの計算量はすごい!

ふつうのコンピュータ
複雑な計算は
時間がかかるんだよな…
複雑な計算が
短時間でできるよ!

コンピュータはさまざまな情報を処理する計算機ですが、同じような仕組みに量子性を加えて性能をアップさせたものが量子コンピュータ。現在のコンピュータは計算を1つ1つ順番にやっていくが、量子コンピュータの特徴の1つにたくさんの計算を並列に実行できることがある。このような計算原理の違いから短時間での計算が可能となる。

量子コンピュータの課題

量子コンピュータの課題には、量子トランジスタを多量に用意して大量計算を可能にするための「集積化」と、必ず生じる計算ミスを自ら確認して修正する「確かめ算」能力の2つがある。

資料:https://www.riken.jp/pr/closeup/2021/20210531_1/index.html

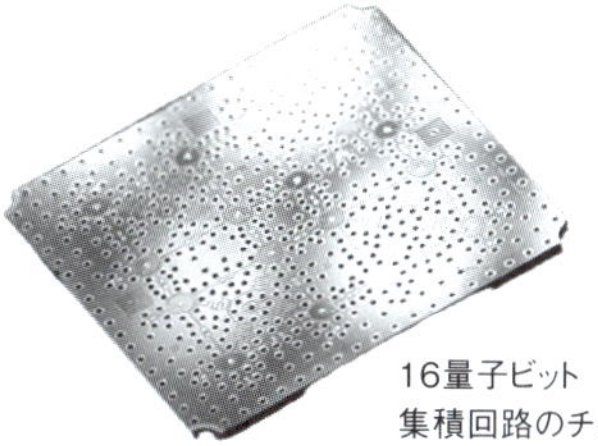

16量子ビット
集積回路のチップ

さまざまなハードウェアを用いた量子コンピュータが開発されているんだ。その種類は
●イオントラップ ●超伝導量子回路 ●光回路
●冷却原子 ●半導体量子ドット
などがあるけれど、各々が違う強みを持っているから、どれがいちばんいいかという優位性はまだはっきりしていないんだよ。

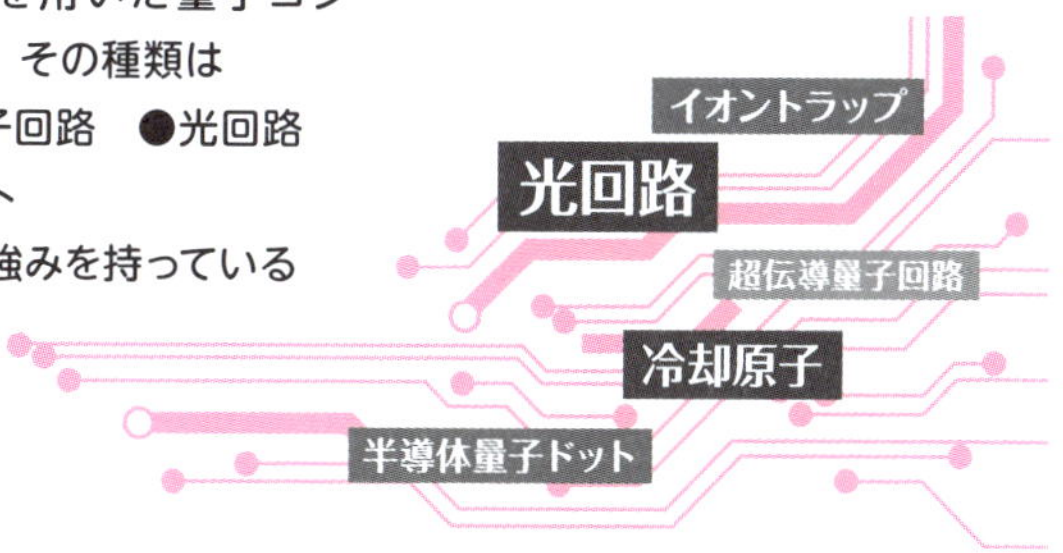

11 近未来の量子テクノロジーは日常を大きく変える？

量子力学はおおよそ100年前に形づくられた物理学ですが、近年、それを基盤とした量子テクノロジーは目を見張る進化を遂げています。

最近における1つの大きな変化は量子物体のわたしたちの世界への進出です。これまで原子や電子といった量子物体は、顕微鏡でも見えない極小の「量子の世界」に長い間閉じ込められていた存在でした。この極小の世界において、量子物体は重ね合わせ状態や量子テレポーテーションなどと呼ばれる不思議な状態と現象を、ごく一部の科学者だけに披露してきたわけです。

ところが、**量子センサー**、**量子通信**、**量子シミュレーション**、**量子コンピュータなどの量子テクノロジーのいくつかは、一般的に売られるようになってきたうえ、それ以外の量子関連の多くのものも市販化に向けて急ピッチで開発が進んでいます**。

これまで直接見ることや触ることが不可能だった**極小の世界でしか存在できなかった量子物体**を、わたしたちが持ったり触ったり、さらには使えるような**「日常に存在する物体」として現代社会に登場させたのが量子テクノロジー**なのです。そして、その旅はちょうどはじまったばかりです。

いまはまだ「量子」といわれても聞き慣れない人が多いかもしれませんが、インターネットも30年前はそうだったのです。その後、何となく知られるようになったにしろ、依然として「研究者だけのマニアックな技術」でした。ですが今日、誰もがパソコンやタブレット、スマホなどでインターネットを使わない日はありません。

量子テクノロジーがわたしたちの生活を一変させるでしょうか？　それはどうなるかわかりませ

んが、**電子や原子、粒や波といった量子的なものが、いままで以上にわたしたちの生活に密接に関わってくる**ことは間違いありません。それらが見せてくれる新しい社会や世界の近未来を期待してもらえればと思います。

30年前と現在では社会は様変わり

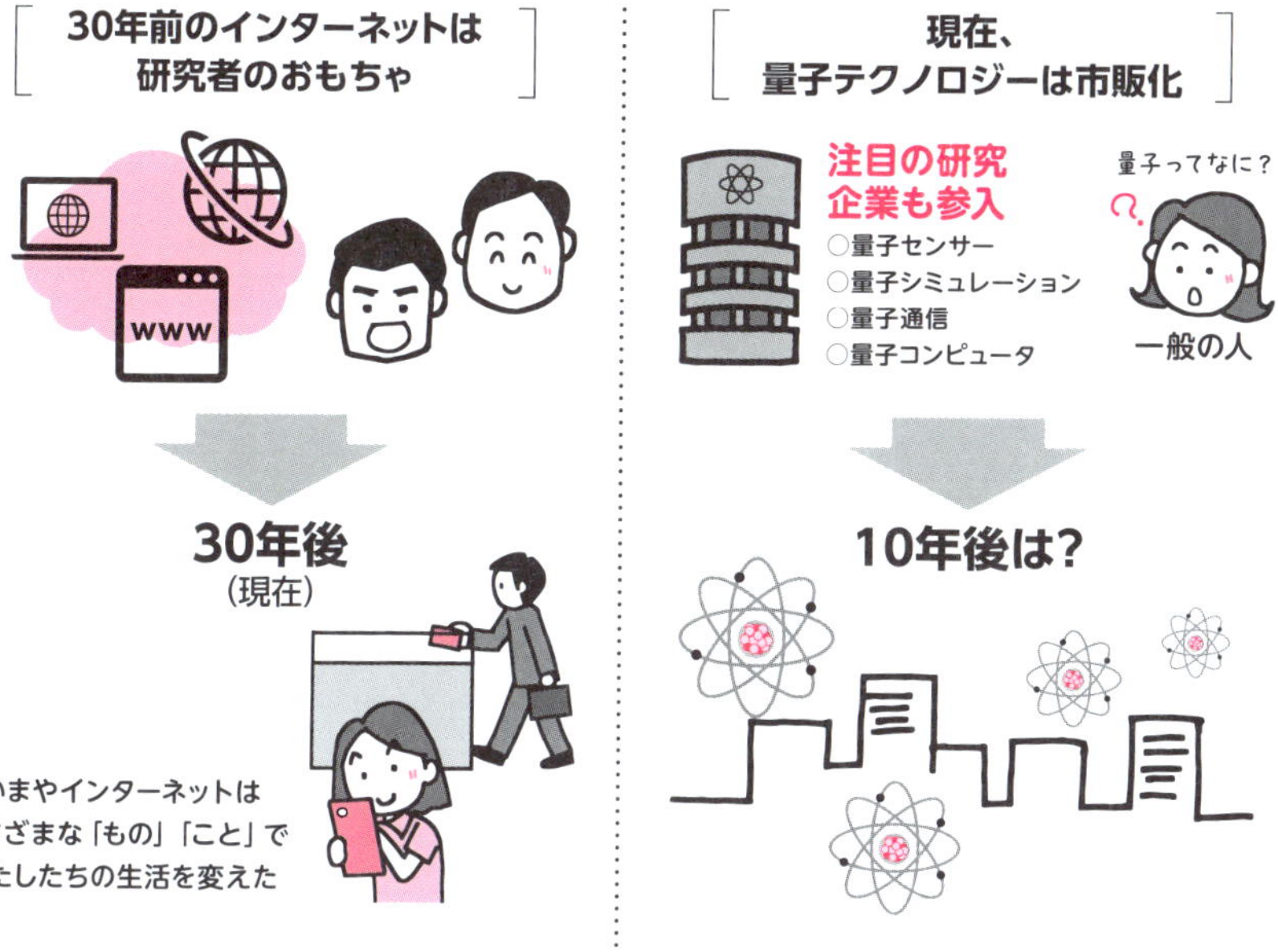

時間の流れは社会を大きく変える。インターネットが研究者の中でしか利用されていなかった時代から、いまやスマホ、パソコン、タブレットでインターネットはわたしたちの日常に欠かせないものとなっている。

そして社会は変わる!

進展し続ける量子テクノロジーは人類の生活を一変する可能性が高い。果たして近未来の世界は量子的なものを通してどう変わっていくのだろう。

COLUMN③

138億年動いて誤差1秒の光時計

最近、すさまじい活躍をしているのが量子テクノロジーを使った時計です。時計には何といっても正確に時を刻むことが求められますが、それと同じくらい重要なのが、「どこでも同じ時計が手に入る」ということです。仮にコンピュータを利用して外国と株の売買（たとえば東京とニューヨーク）をするのであれば、時間が正確に共有されていなければなりません。現在の情報社会では、すべての国が同じ時計を持っている、つまり、正確で同じ時計がどこでも手に入るというのは、当然ながら非常に重要になるわけです。

そんな時計の中で、いまもっとも正確な時計といわれているのが「光時計」です。光時計は主に「イオントラップ光時計」と「光格子時計」の2種類があります。光時計はどの国でも同じ「原子」の量子状態を時計の振り子部分に使って、時を刻んでいます。アメリカでも日本でも同じ性質を持つこれらの時計の精度は10^{-18}に達しています。これは宇宙誕生とされる138億年前から現在まで動いていたとしても、誤差が1秒以下というとてつもない精度です。

光時計を使った最近の研究では、重力の違いで高さがほんの10㎝違うだけで、時間の進み方が違うことが観測されています。これは相対性理論が予測する通りなのですが、時間は標高の高いほうが重力は小さいために速く進みます。ということは、わたしたちの頭のほうが足よりもほんのわずかながら歳を取るのが速いということ?……これはとても面白いことなのです。人類は「同じ時間」を共有するために、どんどん精密な時計をつくってきました。ところが、時計の精度があまりにも向上したため、いまではちょっとした高さで時間が変わってしまう。そのために、わたしたちにはそもそも「同じ時間が存在しない」ことが明らかになってきたのです。

このような超高精度の時計の開発により、人類は2030年に「1秒」をもう一度定義し直すことを決めました。どうやら、現在「1秒」の行方は1秒も目を離せない状況にあるようです。

PART 3

古典物理学から量子物理学へ、その歴史

1 古典物理学から量子力学へ！

18世紀半ばからの産業革命によってエンジンや工作機械が大きく発展しました。その結果、各種の実験器具の製作技術が蓄えられ、同時に**科学は個人的で純粋な興味で研究するものから、「人の役に立つものをつくる」工学にも展開**していきました。その結果、多くの研究者がすぐれた装置や材料を利用して効率的な実験ができるようになったのです。

この時代はまだニュートン力学しかありませんでしたが、そこで少しずつわかってきたのが、こ**のニュートン力学から予測される値と実験結果との「ズレ」**でした。精密な装置がなかった時代は、あいまいな測定しかできなかったのですが、良質な装置を使えるようになると、ニュートン力学の理論予想では、仮に3・0mでピッタリとなるものが、「何回測っても3.0012mになる」というように、わずかなズレも正確に測れるようになったのです。

実は、**これが量子力学のはじまり**でした。19世紀半ばごろから、「あれっ？　おかしいぞ」というズレた実験結果が頻出するようになると、「ニュートン力学は間違っていないようだけど、完璧じゃないようだ……」と考えるようになり、**「正しい物理」を求める旅がはじまった**のです。

この旅は、それこそ**実験屋と理論屋**（PART4-4参照）**の二人三脚で進められていきました。実験屋が測定をして「ズレ」を確認し、理論屋がそれを元に「正しい物理」を予想**する。予想から「これを測れば、やはりズレが見えるはずだから、もう一度測ってみて」と依頼すれば、実験屋はまたがんばって測定する。この繰り返しによって少しずつですが、**新しく正しい物理である量子力学**

科学の発展を劇的に変えた「産業革命」

趣味の科学から

○エンジンの誕生
○複雑な機械の開発
○大量生産が可能

役立つ科学へ／工業の発展

- 工業、工場
- さまざまな製品
- 人々に「科学」が普及

実験で確認する実験屋 計算で予測する理論屋

19世紀半ばごろが量子力学を生み出す起点となった。きっかけは「産業革命」に求めることができる。機械工学の発展で測定器などの精度が格段に上がったからだ。そこで実験を専門に行う実験屋、数学を駆使して「正しい物理」を予測する理論屋が活躍し、お互いに競い合いながら物理の進展に寄与していく。そうして「量子力学」という、ニュートン力学を超えた物理学が構築されていった。

何回測っても
ちょっと
ズレてるなぁ???

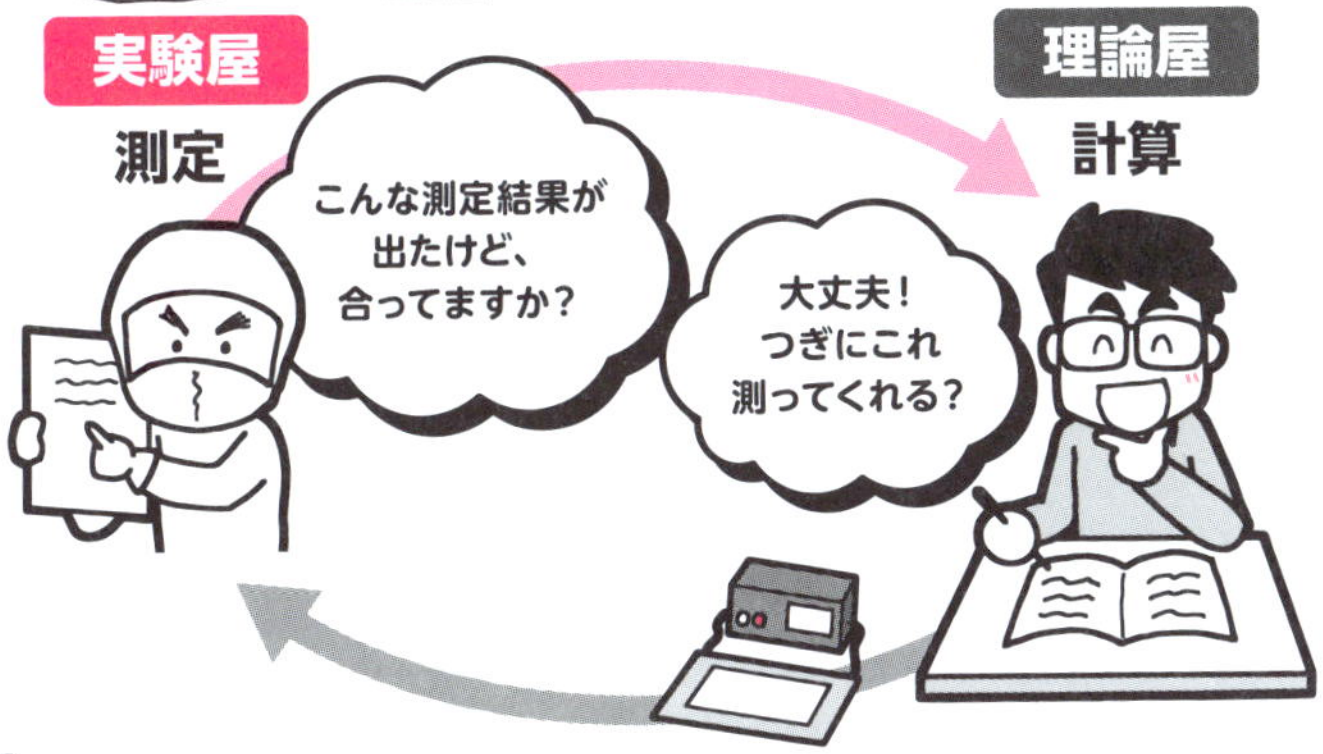
実験屋
測定
こんな測定結果が
出たけど、
合ってますか？
理論屋
計算
大丈夫！
つぎにこれ
測ってくれる？

の形が見えてきたわけです。
次項からは、どのような実験で量子力学の正体がわかってきたのかを紐解いていきましょう。

古典力学といえば、ニュートンだね。微分や積分の方法を考え出して、後世の物理学や数学に貢献した科学者だ。特に物体運動について3つの法則を明らかにしたことがすごい。運動の第1法則⇨慣性の法則、運動の第2法則⇨加速度、運動の第3法則⇨作用・反作用の法則だね。これだけでも感心するのに、さらに彼の代名詞ともいうべき「万有引力の法則」があるんだから、その才能は物理学において傑出しているよ。

アイザック・ニュートン
（イギリス生まれ。1642～1727年）

2

19世紀、ヤングが発見した「光波の干渉」とは何か？

量子力学発見の約100年前の1800年ごろ、イギリスの物理学者トーマス・ヤングが行った実験を見てみましょう。まだ波でもあり粒でもある「量子」という存在が発見される前の話です。

この実験が行われるまで、**光は波なのか、それとも粒の集まりなのかという論争が長く続いていました**が、決定的な証拠はありませんでした。ヤングは想像力を振りしぼって、「見分けられるはずだ！」と、ある実験を思いついたのです。

まず**光を出す光源の前に長方形の細いスリットと呼ばれる切れ目が1個ついた板を置きます**。この**切れ目から出る光がスタート**。つぎの**板にはスリットが2個並んでいます**。**光源から出た光がこれらのスリットを通って奥のスクリーンに届く**とき、**「スクリーンにはどのような光の模様が描かれるか？」**。これがヤングの思いついた実験設定です。

たとえば**水の波**がこの装置を通るとき、波は初めの1個だけのスリットを通ると、そこから扇形に広がっていき、つぎに2個並んでいるスリットを通ると、そこから2個の扇形の波が広がります。**2つの波が重なったあとのスクリーンでは、波の大きいところと小さいところが交互に縞《しま》模様として出てきます**。

つぎは同様に**粒**をこの装置に通してみましょう。**粒は2枚目のスクリーンにある2つのスリットのどちらかを通り、そのままの方向に飛んでいく**ため、スクリーンには粒でできた**2本の線が描かれます**。

それでは実際に光を用いて行った実験の結果を見てみましょう。なんと**スクリーンには波でしか起こらない何本もの縞模様が現れた**のです。つまり、この実験によって、**光は「粒」ではなく「波」である**と結論付けられました。

　量子ではさまざまな「波」が登場しますが、それが本当に波なのかというのを説明したり証明するのは、実はとてもむずかしいのです。**ヤングの実験の素晴らしいところは、「3本以上の縞模様が見える=波」というひと目でわかる簡単な見分け方を開発したところ**です。

　いまでも量子物理学者は、何か新しいものが波の性質を持つかを調べるときには、すぐにヤングの実験を行います。ヤングの技術は古くても新しい「フォーエバー・ヤング」なわけです。

ヤングの実験：水の波

水の波をスリットに通す。

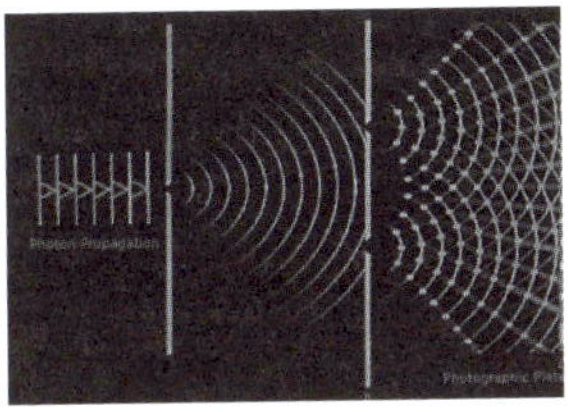

波が重なりあったあとでは、波が大きくなるところ、小さくなるところというように縞々がいっぱい見える。これは波の干渉と呼ばれる。

ヤングの実験：粒

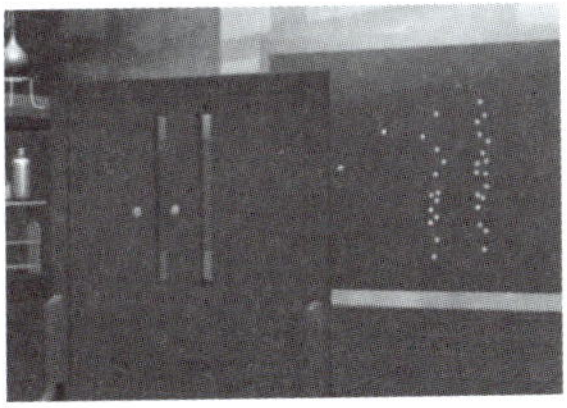

2つのスリットの付いた板にボール（粒）を投げるとスリットの数と同じ2本の縞が見える。

では、光を通してみよう！

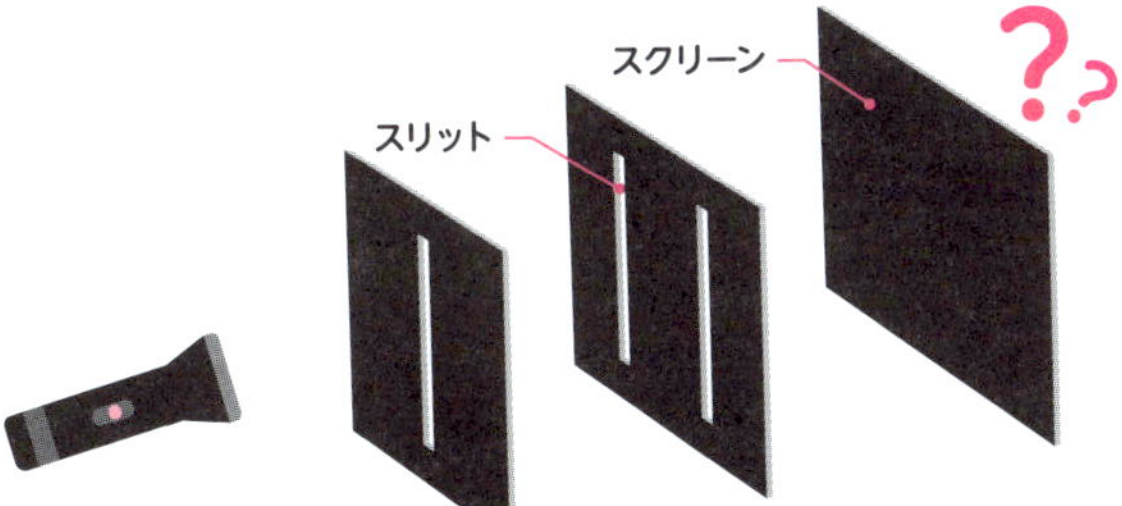

トーマス・ヤング
（1773〜1829年）
イギリス生まれ。おもしろい実験を思いついた物理学者。長方形の板に切れ目を入れてそこに光を通すという試みだ。ヤングはこの実験により、「光は波」と証明した。でも、のちに「光は粒」でもあることも判明するんだね。そのほかにも「弾性体力学」における基本定数「ヤング率」（ひずみと応力の比例定数）でも有名だよ。

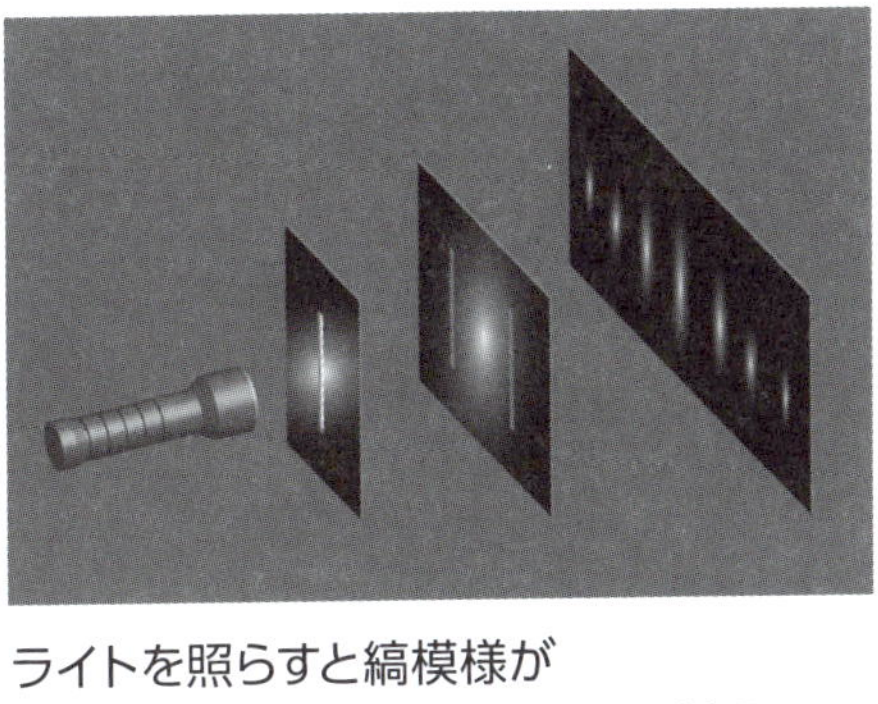

ライトを照らすと縞模様がたくさん出たことで**「光は波」**と判明。

3 ベクレルの発見した放射線が「量子力学」のはじまりか？

フランスの物理学者アンリ・ベクレルは、**「放射能」の名付け親であるマリ・キュリー**の大学院での先生でした。放射能を最初に発見したのはベクレルでしたが、この人、実はかなりの強運の持ち主。

もともとベクレルは**蛍光物質（太陽に当てるとそのあとで光る物質）**を研究していました。1896年、蛍光物質だと目星を付けていたウラン塩を太陽に当てて実験しようと待ち構えていたのですが、あいにくパリは曇り……ぜんぜん実験ができない。ベクレルはあきらめて写真板（当時の写真フィルム）を黒い紙で包み、ウラン塩と一緒に注意深く引き出しにしまっておきました。

数日後、天気は回復。さっそく実験のために黒い紙を開いて写真板を手に取ると、ウラン塩の形が写っていた。つまり、太陽に当てていないウラン塩が、「何か未知のものを放射して」写真板に写っていたわけです。ベクレルはこのときに**ウラン塩が放射線を出す**ことに気付いたのです。これに興味を持った**マリ・キュリーは、この放射線を出す物質を調べてウラン以外にもトリウム、ポロニウム、ラジウムを発見**。その功績で1903年、ベクレルや夫のピエールとともにノーベル物理学賞を受賞したのです。

放射線や原子の構造自体がよくわかっていない当時、この発見を公表するのは大きな勇気が必要だったでしょう。なぜなら、**それまでの物理学の多くは、目に見えるものに関する学問だった**からです。人は「見えないもの」の存在を疑います。目に見えない原子の構造、そこから出てくる目に見えない放射線、そんなあいまいな世界に勇気を持って踏み込んでいったのが、ベクレルだった。

そしてそれは、人間には見えない**小さな小さな世界の出来事を説明する「量子力学」のはじまり**でもあったわけです。

ベクレルの没後、1975年に行われた物理単位（メートルやキログラムなど）の見直しでは、放射能の強さを表す単位をベクレルの功績をたたえて「ベクレル（Bq）」としたんだね。各種の装置を開発して、いまでは「見える」放射能の単位として、それを初めて見た人の名前ベクレルが刻まれているよ。

アンリ・ベクレル
（1852〜1908年）
フランス生まれ。物理学者。放射線を発見したことで、1903年ノーベル物理学賞受賞。

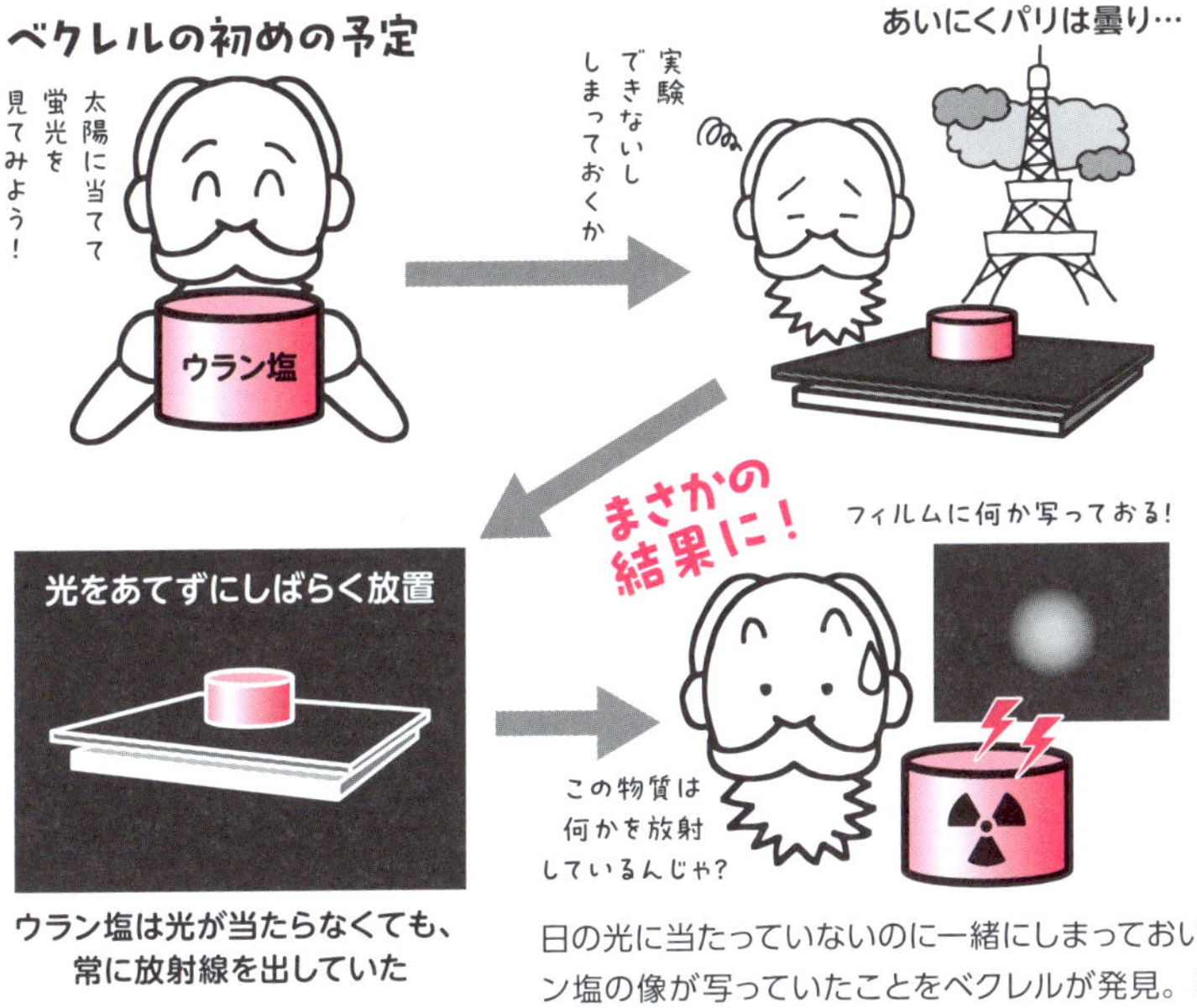
ベクレルの初めの予定
太陽に当てて蛍光を見てみよう！
ウラン塩
実験できないししまっておくか
あいにくパリは曇り…
光をあてずにしばらく放置
まさかの結果に！
フィルムに何か写っておる！
この物質は何かを放射しているんじゃ？
ウラン塩は光が当たらなくても、常に放射線を出していた

日の光に当たっていないのに一緒にしまっておいた写真板にウラン塩の像が写っていたことをベクレルが発見。これが「放射能」発見のきっかけとなるが、それはまた人間が目にすることのできない極小の世界の物理学「量子力学」のはじまりともなった。

マリ・キュリーは、ベクレルの発見したウラン塩の放つ透過光線（放射線）がエネルギー源に頼らずウラン自体が放射発光することを確認し、その放射を「放射能」と命名する。また、そうした放射能を持つ元素を「放射性元素」と名付けた。マリは女性初のノーベル賞受賞者で、初の2度の受賞者。

マリ・キュリー
（1867〜1934年）
ポーランド生まれ。物理学者・化学者。1903年、師匠のベクレル、夫のピエールとともにノーベル物理学賞受賞。その後1911年にもノーベル化学賞受賞。

4 プランクの「黒体輻射」と「エネルギー量子化」とは何か？

「鉄は熱いうちに打て」といいますが、物理学者はたぶん「それは何度か？」とすぐに聞き返してしまう。鍛冶屋さんが聞いたら、きっと「赤いときに打つんだ！」と怒鳴られることでしょう。それはともかく、鉄が赤いときはほぼ800℃、白熱灯は2500℃、太陽は5500℃くらいですが、それぞれ光っている色が違います。太陽はプリズムで見るとわかりますが、赤から紫までたくさんの色を出しています。熱い鉄はおおむね赤です。どうやら熱さと物が光る色（または光る波長）は関係していそうです。

　ところで、物理学者が使う**「黒体輻射《こくたいふくしゃ》」**という言葉があります。むずかしそうですが、**「ある温度を持った真っ黒なものが放つ光」という意味**です。この黒体放射（輻射）を真面目に計算したのが、イギリスの物理学者ジェームズ・ジーンズとレイリー卿。ところが、実験と計算式がまったく合致しない。そこに登場したのが、ドイツの物理学者マックス・プランクでした。**1900年ごろ、プランクは光のエネルギーは1個、2個と数えられる「粒」としてみたらどうだろう**と考えました。そして、このように**物の性質が粒のように数えられることを「量子化」と呼びました。**この条件を含めた計算式を使うと黒体輻射の実験データと計算値がピッタリ合ったのです。

　このプランクの唱えた量子化という考え方は、その後さまざまなところに応用されることになります。原子や電子などの物質を1個、2個と数える以外にも、**「エネルギー」や「運動量」「磁場の束」（磁束）といった各種の物理量も1個、2個と数えられる**ことがわかってきました。これもいまでは「量子化」と呼ばれます。プランクのこの斬新なアイデアを称え、現在彼は**「量子化の父」**と呼ばれています。

「量子化の父」マックス・プランク

マックス・プランク
（1858〜1947年）
ドイツ生まれ。物理学者。1918年ノーベル物理学賞受賞。光のエネルギーは「量子化する」と初めて唱え、黒体輻射を解き明かす「プランクの法則」を確立。光の最小単位にかかわる定数hは、「プランク定数」と呼ばれる。

光を「波」として考えないで
「粒」のように1個、2個と
数えると計算が合うと思うよ

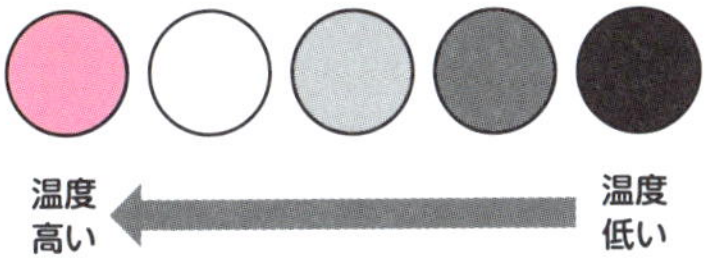

黒体輻射を真面目に計算したのが、イギリスの物理学者ジェームズ・ジーンズとレイリー卿だった。2人は別々に計算して同じ式にたどり着いたが、実験と比較すると全然合っていない。そこに登場したのがマックス・プランク。プランクは光のエネルギーは連続的なものではなく、「粒」として数えた。そうすることで実験データと計算がどんぴしゃとなった。

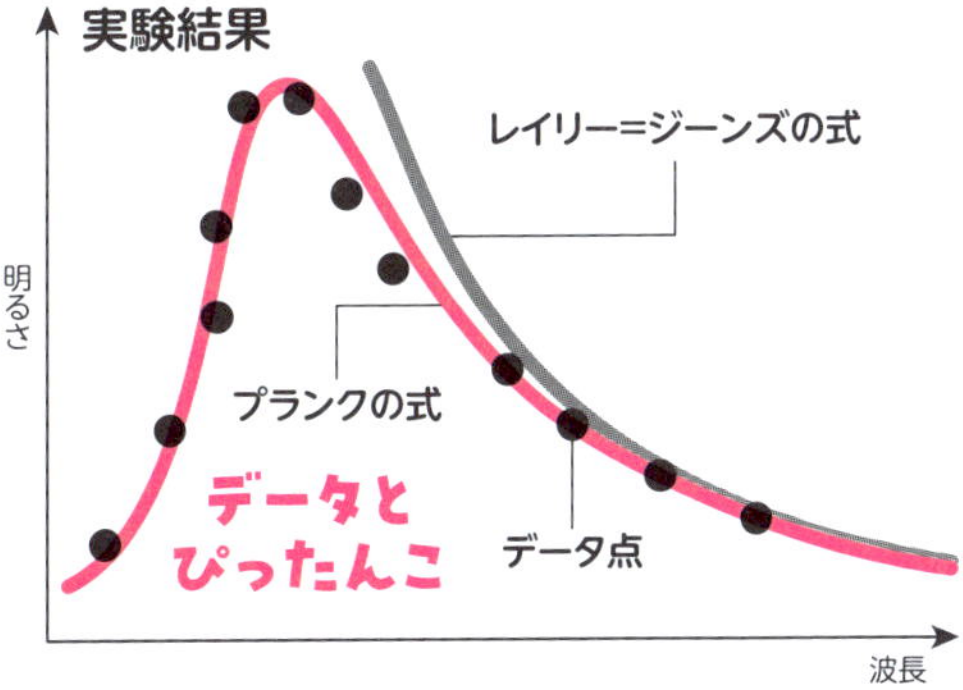

頑張ったけど惜しかった、敢闘賞2人

ジェームズ・ジーンズ
（1877〜1946年）
イギリス生まれ。物理学者・天文学者・数学者。

レイリー卿
（1842〜1919年）
第3代レイリー男爵/ジョン・ウィリアム・ストラット。イギリス生まれ。物理学者。「レイリー散乱」で知られる。1904年ノーベル物理学賞受賞。

5 20世紀初頭に発見された「光電効果」とは何か？

物質はたくさんの原子からできているため、その表面には多くの電子がウヨウヨしています。1900年ごろ、プランクにより**物質の表面に光を当てると電子が飛び出すことが発見**されました。それが**「光電効果」**。光にはいろいろな色があります。ある研究者が色の異なる光を物質の表面に当ててみると、**青色の光では電子が飛び出すのに赤色の光では飛び出さない**ことがわかりました。青色の光は光が弱くても電子が飛び出しますが、赤色の光ではいくら光を強くしても電子がまったく飛び出さなかったのです。

1905年、アインシュタインがこの少し謎めいた実験結果を見たとき、まさにプランクが提唱した**「光の粒」**としての性質が関係していると気づきます。そのうえ、**光の粒1個のエネルギーが光の色によって違うというプランクの仮説が、とても重要**であることにも気がついたのです。

電子はもともと物質の中で居心地よく存在しているので勝手に飛び出すことはありません。**空気中に電子を取り出すには一定のエネルギーが必要**です。

アインシュタインは**光の粒が電子に当たると、そのエネルギーで電子を外に弾き出す**と考えました。青色の光の周波数のほうが赤色より大きいため、光の粒1個のエネルギーも青色のほうが大きいことになります。とすると、**青色の光の粒で電子を弾き出せても、赤色の光の粒では弾き出せない**ということが起こり得るのです。そしてその場合、**赤色の光の粒をどんなにたくさん当てても電子は飛び出しません**。こうしてアインシュタインは、「黒体輻射」を理解するために生み出されたプランクの仮説「光は粒」を使って謎の多かった光電効果をうまく説明することに成功したのです。

光は色でエネルギーが違う粒である!

	光の色：赤	光の色：青
光の強さ：弱い	飛び出さない	飛び出す
光の強さ：強い	飛び出さない	飛び出す

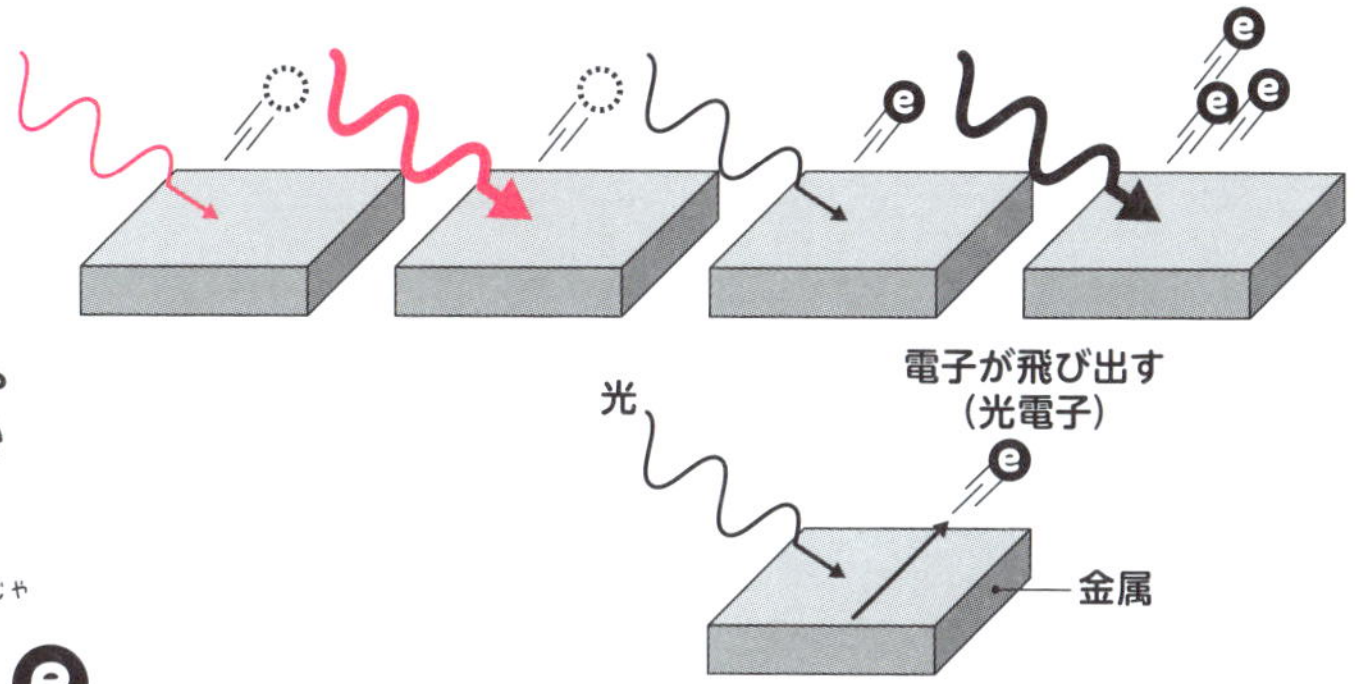

光を当てるとそのエネルギーをもらって金属から電子が飛び出す!

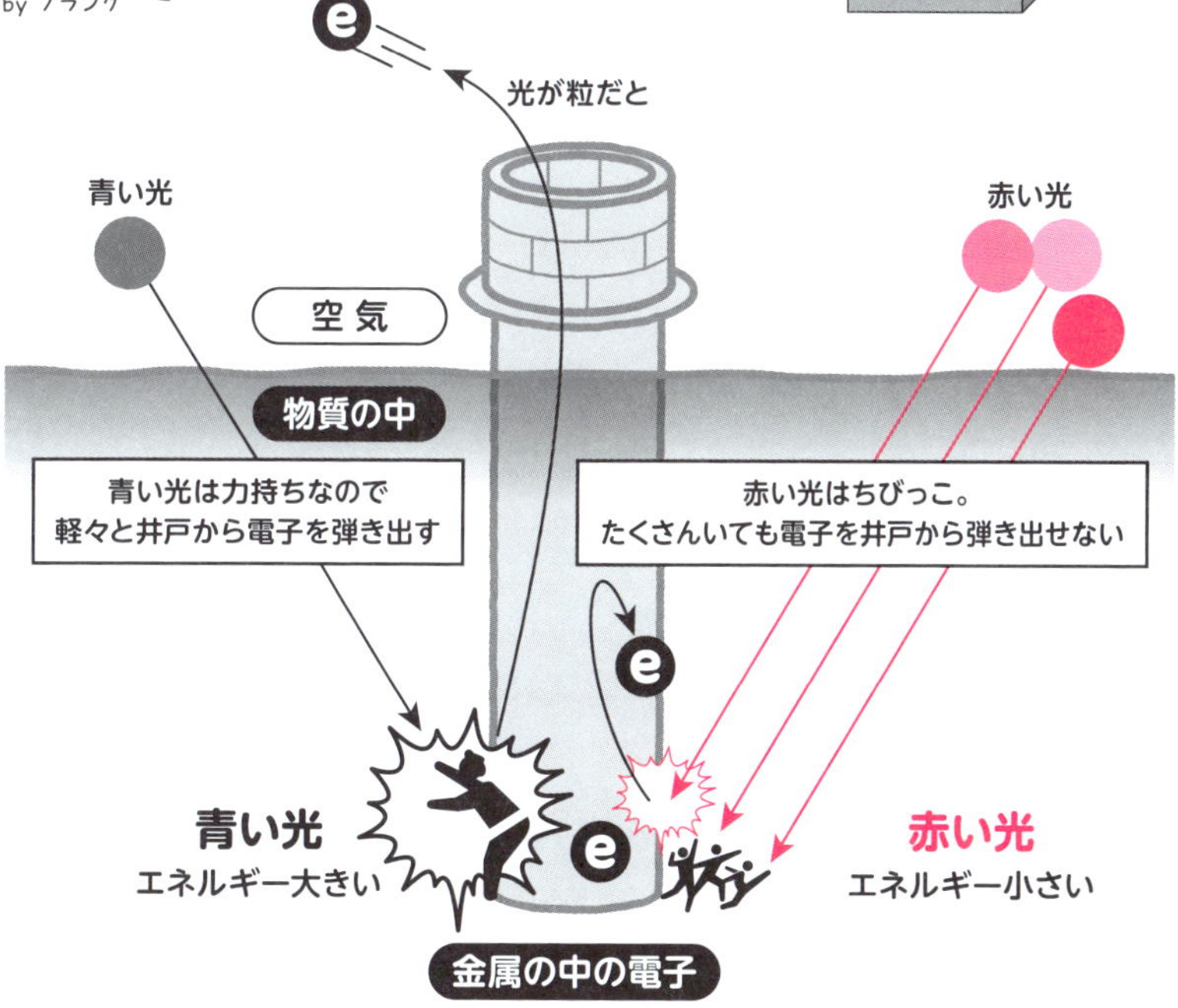

空気中に電子を取り出すには一定のエネルギーが必要となる。アインシュタインは光を電子に当てると、光の粒が電子を外に弾き出すと推測した。青色の光の周波数のほうが赤色より大きいため、光の粒1個のエネルギーも青色のほうが大きいことになる。そうすると電子は青色の光の粒では弾き出せても、赤色の光の粒ではいくら当てても弾き出せないと考えられるわけだ。

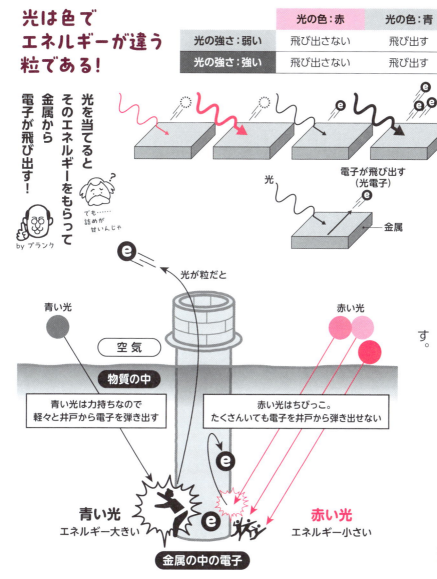

6 光が「粒」であり「波」でもあることの大発見！

プランクとアインシュタインによって市民権を得た光の粒は、その後**「光子《こうし》」**と呼ばれるようになりました。でも、2の項のヤングの実験では、光は「波」という結果でした……果たして光の本当の正体はどっち？　その正体を探るべく、今度はこの光子を**1粒ずつヤングの装置に投げ入れてみましょう**。たくさんの縞《しま》が見えれば波、粒なら縞々は見えないはずです。

準備のために、光源には量子の技術が詰まった「光子銃」を使います。原子や量子ドットなどいろいろな種類の光子銃がありますが、用いる光子銃は光子を1粒ずつ飛ばせる装置です。この銃で光子1粒を2つのスリットに投げ入れて実験します。ですが、スリットを抜けてきた、たった1粒の光子を逃さずに観測するのがとてもむずかしい。**光子1粒のエネルギーはとても小さくてふつうの装置ではなかなか見ることができません**。加えて実験室では蛍光灯の光や飛び交う電波、それ以外のノイズがいっぱいあり過ぎるため、観測装置は光だけを見たいのに邪魔されてしまう。こうした困難から**光子を使ったヤングの実験が実際に行えるようになったのは1980年ごろ**なのです。

ヤングの装置を真っ暗で静かな部屋に置き、スクリーンに高性能な観測装置を付けて、飛んでくる光子を待ちます。**スクリーンに当たった光子はピカッと光り、ボールのように粒として観測されました**。光子は粒に見えますが、もう少し実験を続けます。**すると、つぎつぎに飛んでくる光子によって、スクリーンはピカッ、ピカッと断続的に光ります。その光った点を記録**していき、たくさんの点がつくる模様を確認すると、それはなんと

縞模様なのです。**1つ1つの光子は粒として観測されるのに、たくさんの光の粒を見ると波の性質も見せている**わけです。

実験で確認したように「粒が集まって縞をつくる」のであれば、光は粒なのか波なのかいよいよはっきりしません。ですが、これが量子の持つふしぎなのです。わたしたちからすると、「何となくルール違反??」のような、この特長こそ量子が粒でもあり波でもあるといわれる理由なのです。

粒なのに波になるふしぎ!?

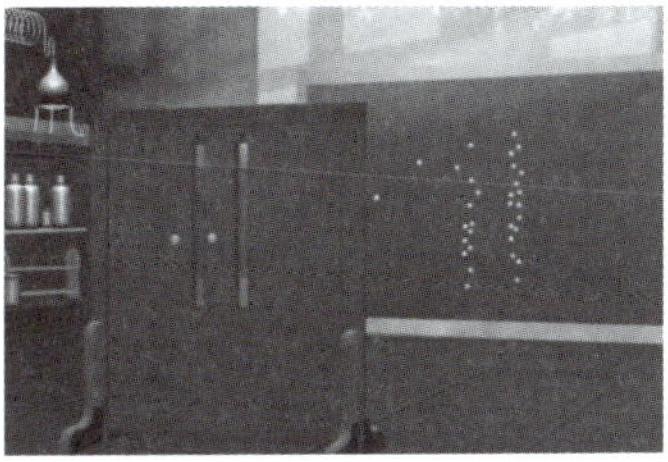

スリットの数しか縞は見えない(粒は干渉しない)

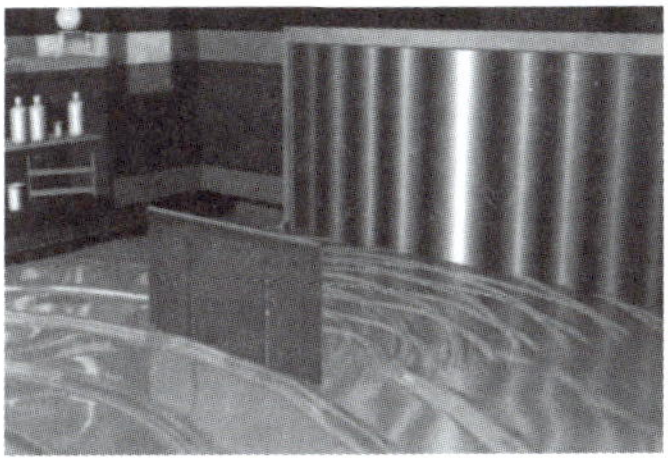

光が波なのだ、としたら……縞々が見える

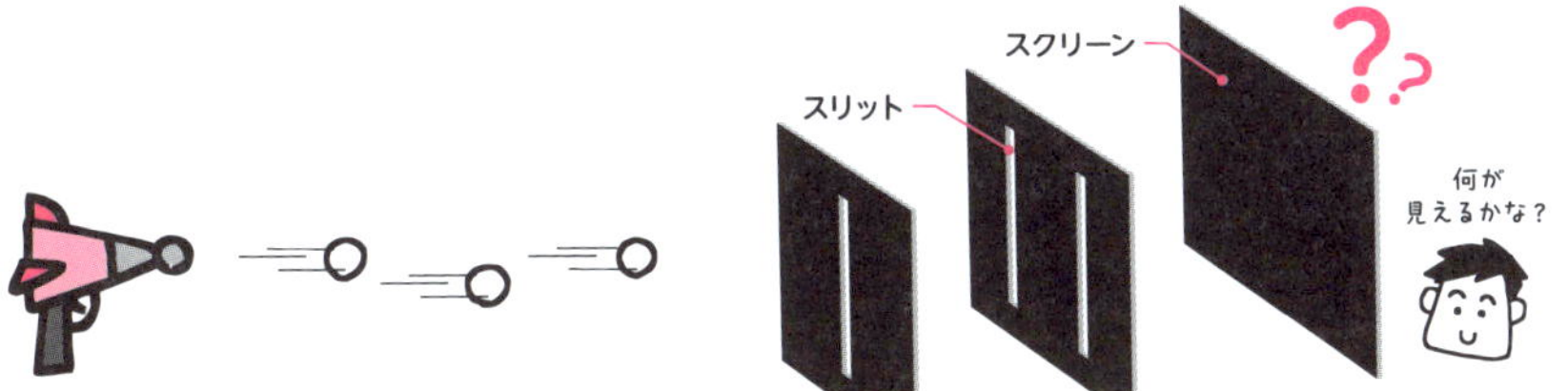

ひかり銃
(ひかりを1粒ずつ出せる)

ひかり銃(光子銃)で実験すると?

光の粒が集まって縞模様をつくる。光は「粒なのか波なのか」はっきりしない。だが、これが量子の持つふしぎなのだ。

写真が1枚だと
粒々で見える

たくさん写真を撮って
重ねると…

7 量子力学の基礎の確立に貢献したトムソンの「電子」の発見！

イギリスの物理学者ジョゼフ・トムソンの**「陰《いん》極線《きょくせん》の実験」**は物理の高校教科書などにもよく載っている非常に有名な実験です。ですが、トムソンがどれほど科学界の常識を超えた「ひらめき」を持っていたかはあまり書かれていません。

陰極線とはネオンサインと同じ構造を持っている装置です。ガラス管の中の2つの電極に高い電圧を加えると、ボヤッとした光線が見えたり、電極の反対側に塗られている蛍光塗料が光ることで「何か」が飛んできているのが見えます。この「何か」が長らくの謎でした。この謎について**トムソンは、「これは原子より小さくて、電気を持った物質が飛んでいる」と大胆な予想をします**。当時、原子が世界でいちばん小さな物質だろうという予想を多くの科学者が受け入れはじめた時期でしたが、「その原子よりもさらに小さな物質」というトムソンの提唱はなかなか認知されませんでした。もちろん、いまではトムソンの予想したものが原子の一部「電子」であることは認められています。何よりすごいのは、**電子の重さは原子の中でもっとも軽い水素原子よりもはるかに小さいものであるという事実を、その当時すでに予想していた**ことです。

電子の重さ自体をトムソンは測れませんでしたが、**陰極線の実験から電子の電荷（電気量）と重さ（質量）の比を求め、「電気的性質を持つごく小さな粒子」である電子の存在を明らかにしたの**です。電子の発見はのちに**「物質の最小単位の原子も壊れる」とか「原子の一部が電子である」といったアイデアを生み出し、量子力学の基礎構築に大きく貢献**します。

陰極線の実験で「電子」を発見!

おや、何か飛んでるぞ!?
この飛んでる奴は
原子より小さいような
気がするなぁ……
いや、ちょっとした勘
だけどね。

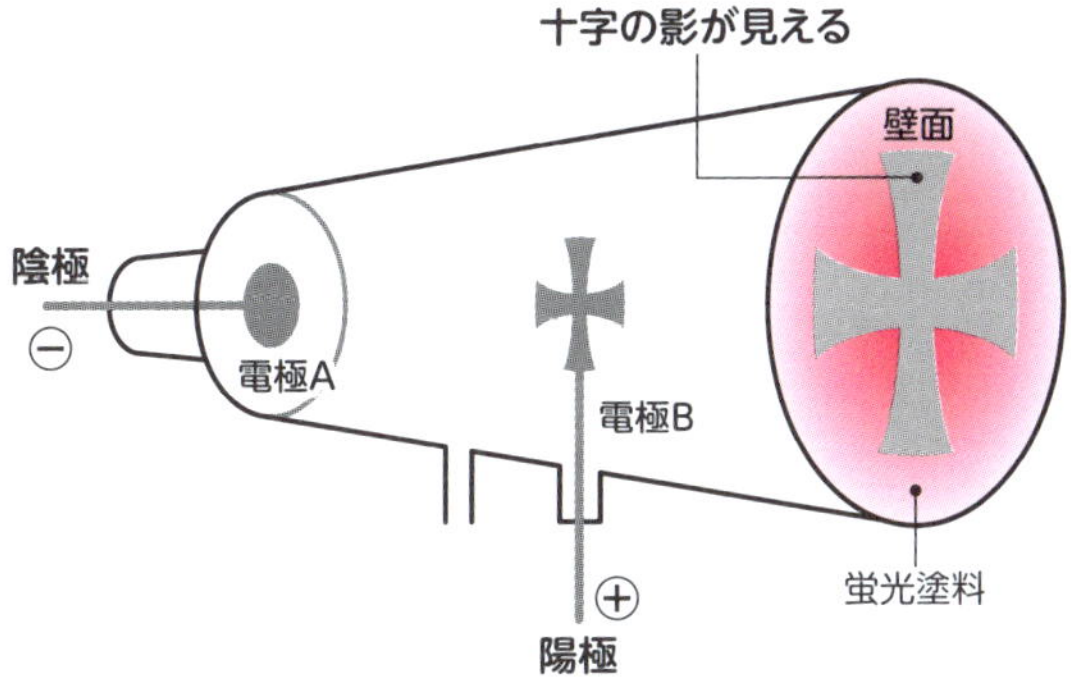

トムソン正解!

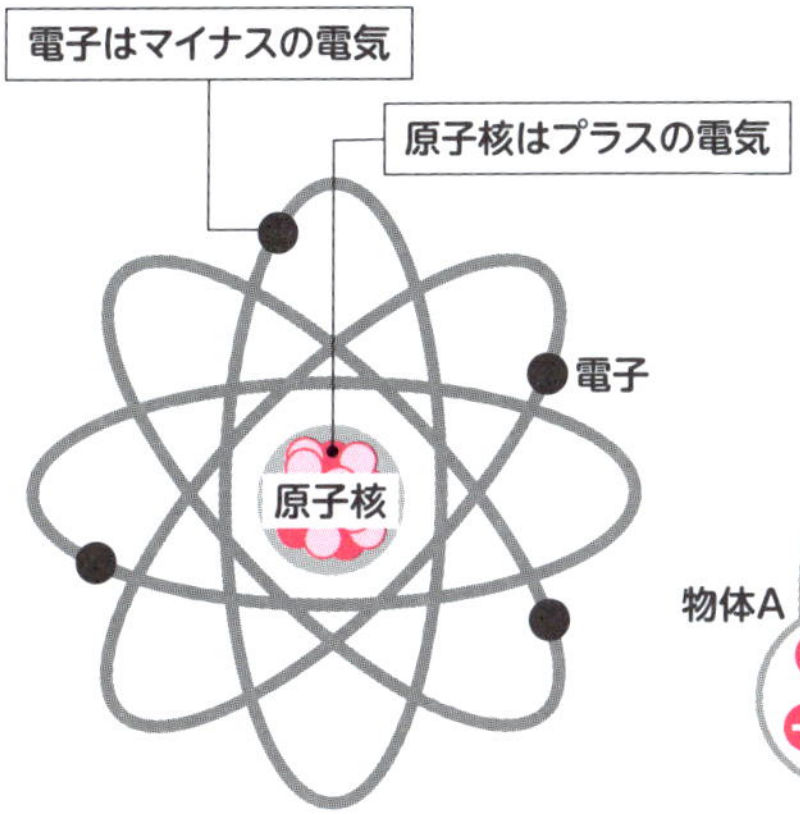

電子の重さは
わからないけど
重さと電気の比は
わかった!

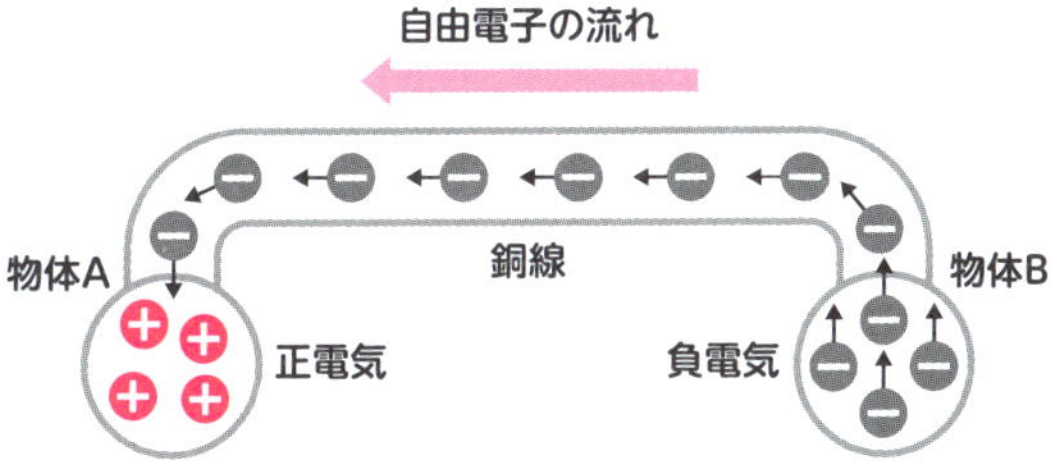

電子はマイナスの電荷を持っている。だから、電子は英語の表現ではネガティブな存在だけど、日ごろ使う電子機器はそんなネガティブなマイナスの電子を大量に流すことで仕事をしている。つまり、世界をプラスに動かす原動力は大量のネガティブな存在だということ。ネガティブも悪いものだけではないんだね。

ジョゼフ・ジョン・トムソン
(1856〜1940年)
イギリス生まれ。物理学者。1906年ノーベル物理学賞受賞。「陰極線の実験」や「安定同位体」の発見で知られる。

8 量子操作の先駆けとなったミリカンの「電子計測」！

トムソンは電子を発見しました。でも、それはあまりにも軽く、そして微小な電気を持っている粒でした。トムソンは工夫をして電子の電気量と質量の比を求めたのですが、あくまで測定できたのはこの2つの比だけでした。

ここに一石を投じたのがアメリカのロバート・ミリカン。**ミリカンは電子の微小な電荷を測定した初めての物理学者**です。実験は非常にユニークでした。沸騰したケトル（やかん）の口から出る白い湯気はたくさんの小さな水滴の集まりです。これにヒントを得たのか、ミリカンはスプレーのようなもので1粒1粒が非常に小さな油の粒（油滴）をつくりました。さらに**油滴を出す容器に摩擦で静電気を起こし、電子がくっついた状態の小さな油滴をつくる方法**を思いつきました。

空中の油滴は重力で落ちていきますが、上下のプレートに電圧を掛けることで、**油滴に付着した電子が引っ張られて下向きに、電圧を逆にすると今度は上向きに力が掛かったりする**ようにしました。**この力は電子の数が1個のときに比べて、2個の場合は2倍、電子が3個あると3倍**になります。

ミリカンは油滴の運動を顕微鏡で確認しました。電圧の向きによって「下に落ちたり」「上に落ちたり」する油滴の速度も、電子の数が2個なら2倍、3個なら3倍になります。この性質を使って、彼は落下速度の測定から電子の電荷を求めたのです。ミリカンの測定は素晴らしく、100年以上前の実験器具で、現在の値の1％以下の精度で測定を行っていました。

さらに彼は、**電子の電荷の値とトムソンの測った電子の質量と電荷の比から、電子の質量を正確**

に出すことにも成功しているのです。

ケトルの口からヒント？

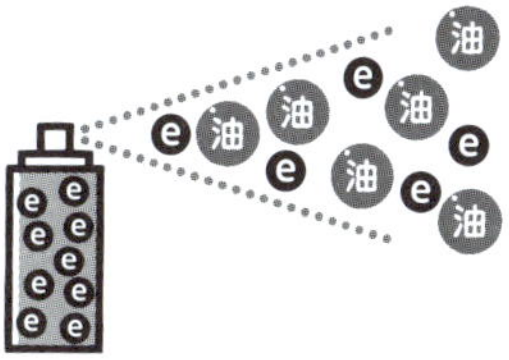

ケトルの口から出る白い蒸気の水滴がヒント。スプレーを利用して1粒1粒が極小の油滴をつくる。さらにスプレー容器に摩擦で静電気を起こすことにより、電子が付着した油滴をつくりだせる。

電子の個数で動きが変わる？

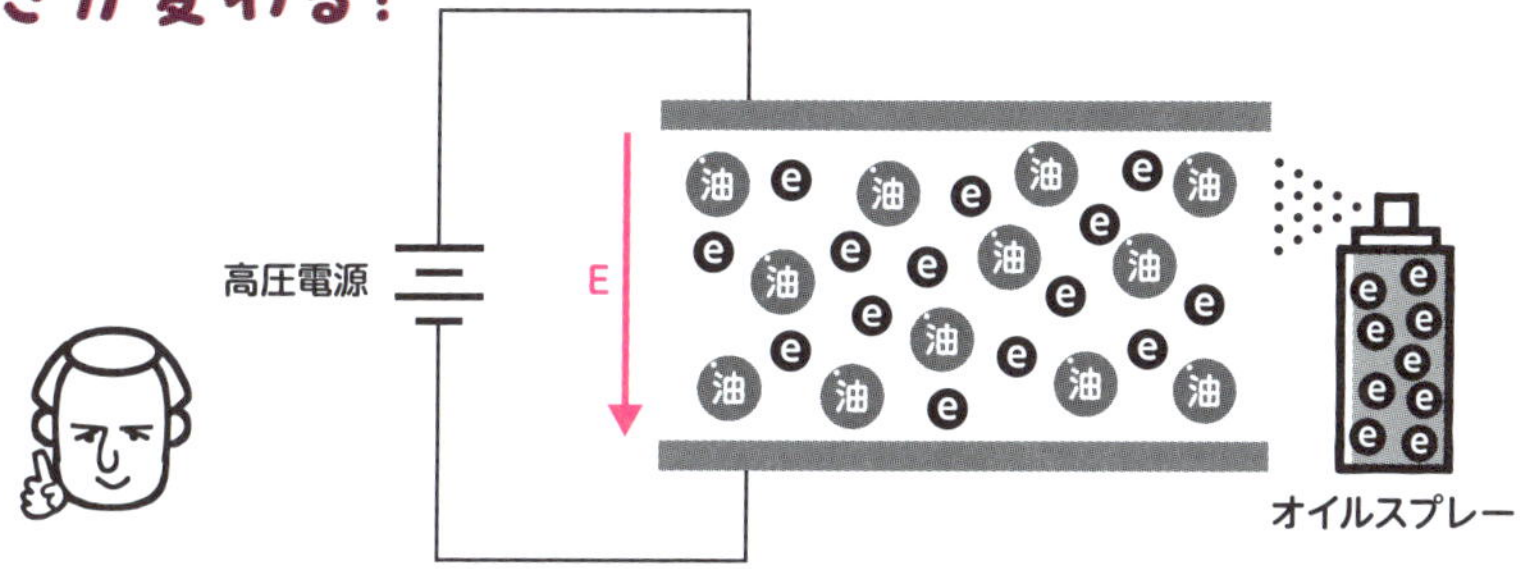

電子が何個くっついているかで運動が大きく変わる

上下のプレートに電圧を掛けなければ、油滴は重力で落ちてくるが、電圧を掛ければ油滴に電子が付着しているため上向きまたは下向きに力が加わる。電気による力と重力との兼ね合いによって決まる油滴の運動の様子を注意深く観察したミリカンは、この観測から電子の電荷を求め、また電子の電荷の値とトムソンの測った電子の質量と電荷の比から電子の質量も正確に出すことができた。

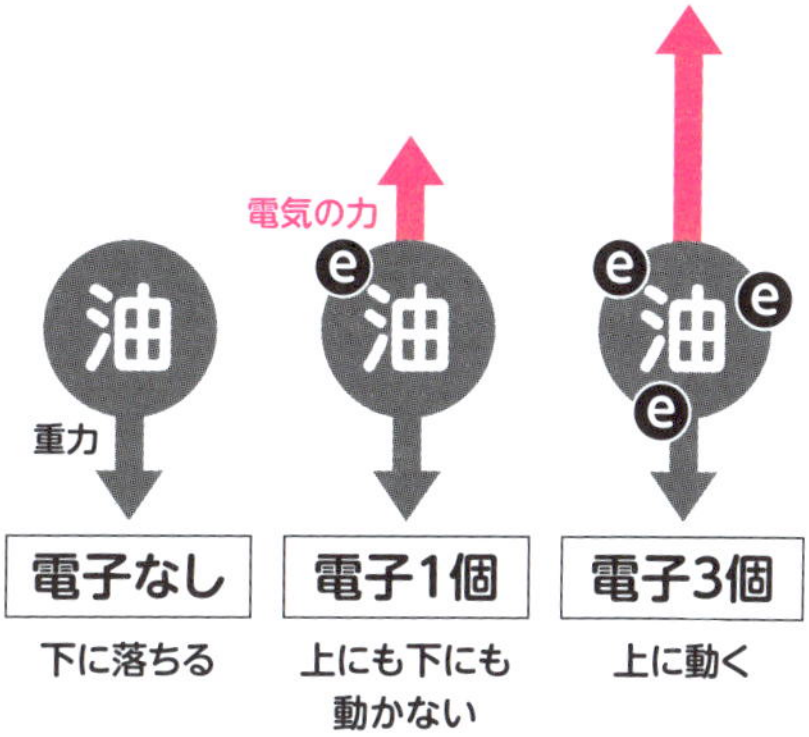

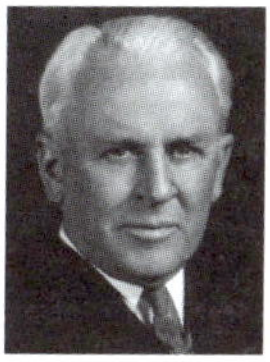

ロバート・ミリカン
（1868～1953年）
アメリカ生まれ。物理学者。1923年ノーベル物理学賞受賞。

9 ラザフォードの実験で確認された「原子核」！

原子は全体で電気的に中性――つまり、プラスマイナスゼロ。このことは実験的にわかっていました。ところが、**原子の中の電子はマイナスの電荷です。これは原子の中にはプラスの電荷を持つ何か（Xと仮称）がいて、全体として電気的に中性になっている**ことを意味します。

１９００年ごろ、原子とは「こんな形だろう」と考えられていたのは、トムソンのチョコチップクッキーモデルです。原子の中には、マイナスの電子とプラスのXも同じように散らばっていると考えられていたのです。

１９１１年、ラザフォードは原子の形を知るためにある実験を思い付きました。金箔を用意し、そこにラジウムから出てくるアルファ粒子と呼ばれる小さな粒子（放射線）をぶつけます。このときに**金の原子をアルファ粒子が通り抜けるか、それとも跳ね返るかを観察**したのです。

実験の結果、**ごく稀に**アルファ粒子が横方向や後ろに跳ね返ることがわかりました。**アルファ粒子は金箔の中のXによってのみ跳ね返されます。**仮にチョコチップクッキーのように、原子全体にプラスの電荷であるXが分布しているのであれば、「ごく稀《まれ》に跳ね返る」ことが説明できません。

ラザフォードは、**ごく稀にしか跳ね返らないのは、プラスの電荷を持つXが原子の真ん中に極めて小さく固まっているからだと結論付け、Xを「原子核」と呼ぶことにした**のです。原子の内部構造のモデルは、以後何回か書き換えられていきますが、**ラザフォードの発見した原子核のアイデアだけは常に引き継がれる**ことになります。

ちなみに、原子核はラザフォードの思っていた通りとても小さいものでした。原子の大きさを野

トムソンのモデルとラザフォードのモデル

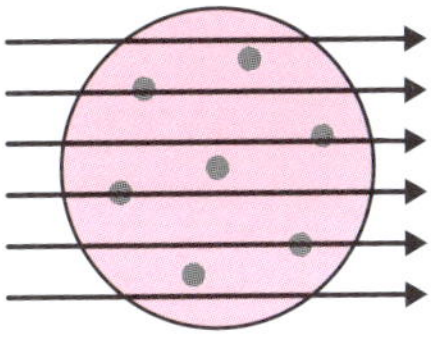

プラスの電気が薄く広がっているのと散乱されない

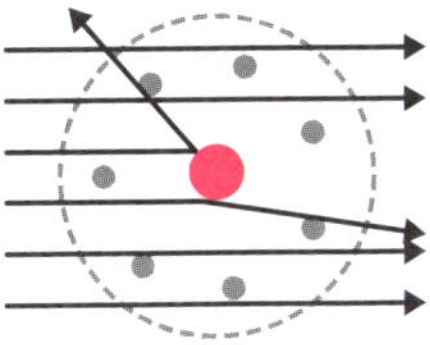

プラスの電気が真ん中に固まっているからたまにアルファ粒子が大きく後方に散乱される

さまざまな科学者の原子モデル

ラザフォードが「原子核がある!」ことを初めて実験的に実証

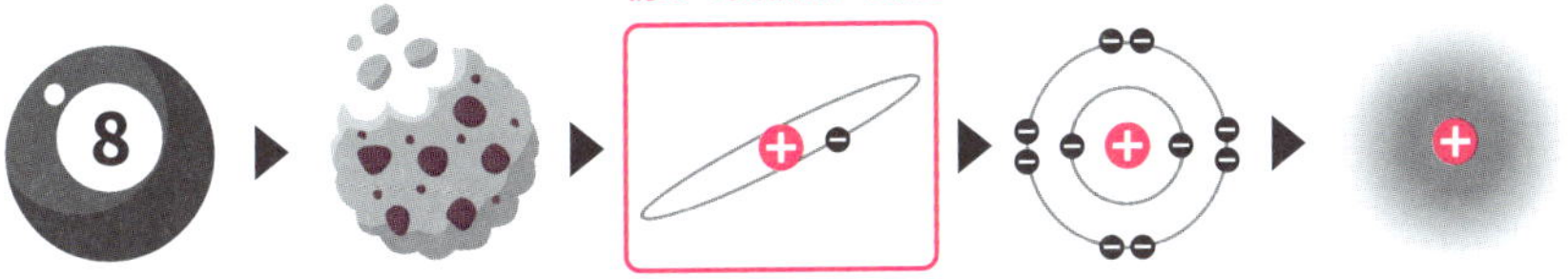

ガチガチボール
ダルトン

チョコチップクッキー
トムソン

原子核あり
ラザフォード

原子核+電子多々
ボーア

原子核+電子雲
現在

金箔を使って原子核を発見!

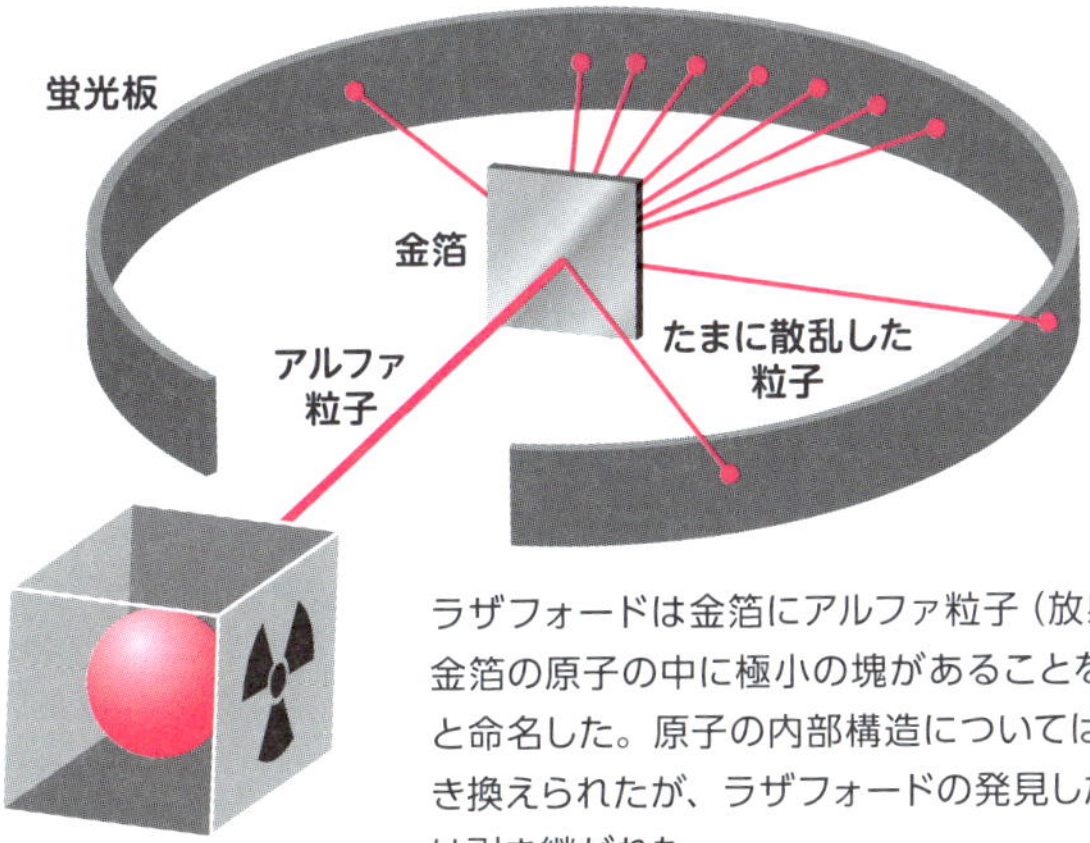

放射元素:ラジウム

ラザフォードは金箔にアルファ粒子(放射線)を衝突させ、金箔の原子の中に極小の塊があることを発見し、「原子核」と命名した。原子の内部構造についてはその後に何度か書き換えられたが、ラザフォードの発見した原子核のアイデアは引き継がれた。

アーネスト・ラザフォード
(1871〜1937年)
イギリス生まれ。物理&化学者。1908年ノーベル化学賞受賞。原子核の発見、原子核の人工変換などの業績で「原子物理学の父」と称される。

原子
プラスマイナスゼロの電荷

球スタジアムくらいに仮定すると、原子核はマウンドに落ちているブルーベリーほどなのです。

10 銀原子の中で発見された電子の「スピン」とは？

わたしたちが日常的によく使っているものの中に磁石があります。離れていてもくっつきたがったり反発したりと、少しふしぎな振る舞いをします。磁石も原子や電子でできているのですが、そんな性質を持つ理由を正しく理解するのにはかなりの時間がかかりました。実は**磁石の原理には、量子の1つである電子の持つ「スピン」と呼ばれる性質がかかわっていた**のです。

電子のスピンは、1922年にドイツの物理学者シュテルンとゲルラッハによって実験的に発見されました。銀を加熱すると1個1個の銀原子が蒸発して出てきます。この銀原子を磁石の隙間《すきま》を通すように飛ばして、奥のスクリーンに当てるのです。蒸発した銀原子は真っすぐ飛んで同じ場所で観測されると予想されていました。ところが、結果は上下2つに分かれたのです。

1925年、物理学者ウーレンベックとハウシュミットはこのふしぎな実験結果を説明するために、**電子には「スピン」と呼ばれる特別な性質がある**と考えました（スピンとは文字通り、あたかも電子がその場で「回っている」ようだという意味）。そして、この**回っている電子は小さな棒磁石とほぼ同じ**だと推測しました。

右回り回転をしているスピンは上がN極の棒磁石に、左回りをしているスピンは上がS極の棒磁石と対応します。棒磁石は実験で使われていたように、磁石の間を通すと磁力中でそれぞれの向きに応じて上方向に引っ張られるか、下方向に引っ張られるかが決まります。彼らの実験は、このように電子がスピンという小さな棒磁石だとすることで見事に説明がつきました。この実験により、**電子がスピンという世界最小の棒磁石だというこ**

とが明らかになったのです。

シュテルンとゲルラッハの実験

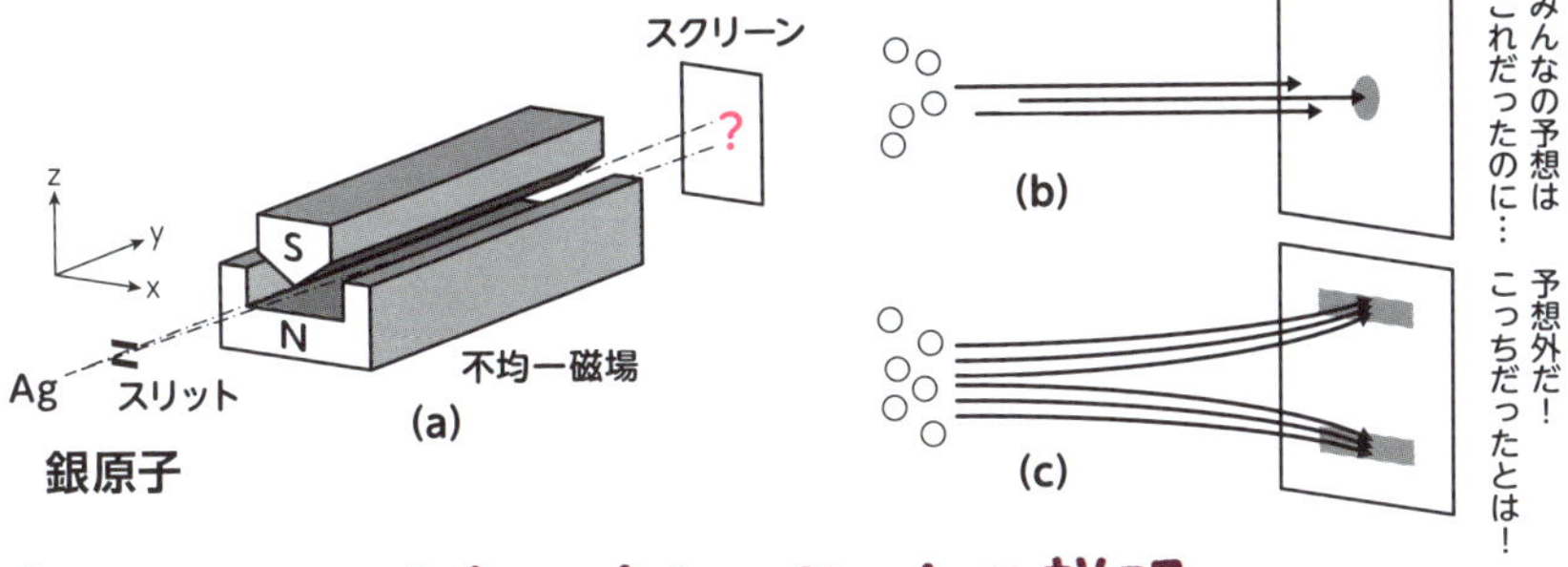

ウーレンベックとハウシュミットの説明

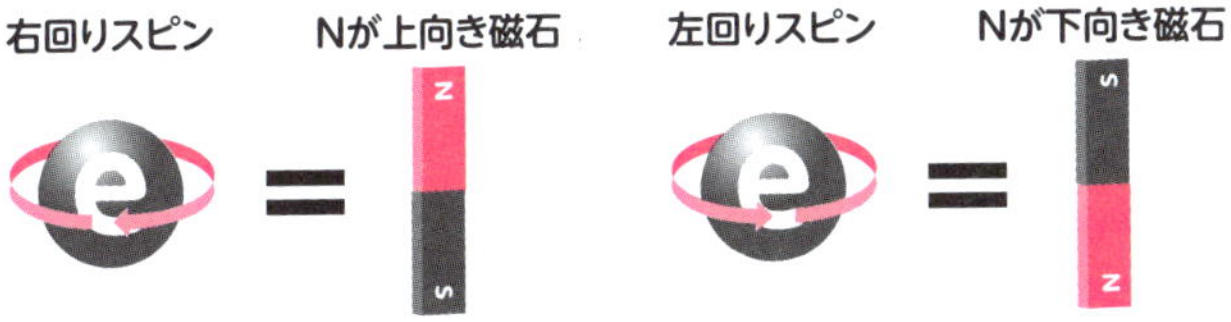

右回り回転のスピンはＮ極が上向きの棒磁石に、左回り回転のスピンはＮ極が下向きの棒磁石のように振る舞う。ウーレンベックとハウシュミットはこうした説明から、「電子」とはスピンというごく小さな棒磁石のように振る舞うのだといいました。

棒磁石は折っても折っても棒磁石のままだ！

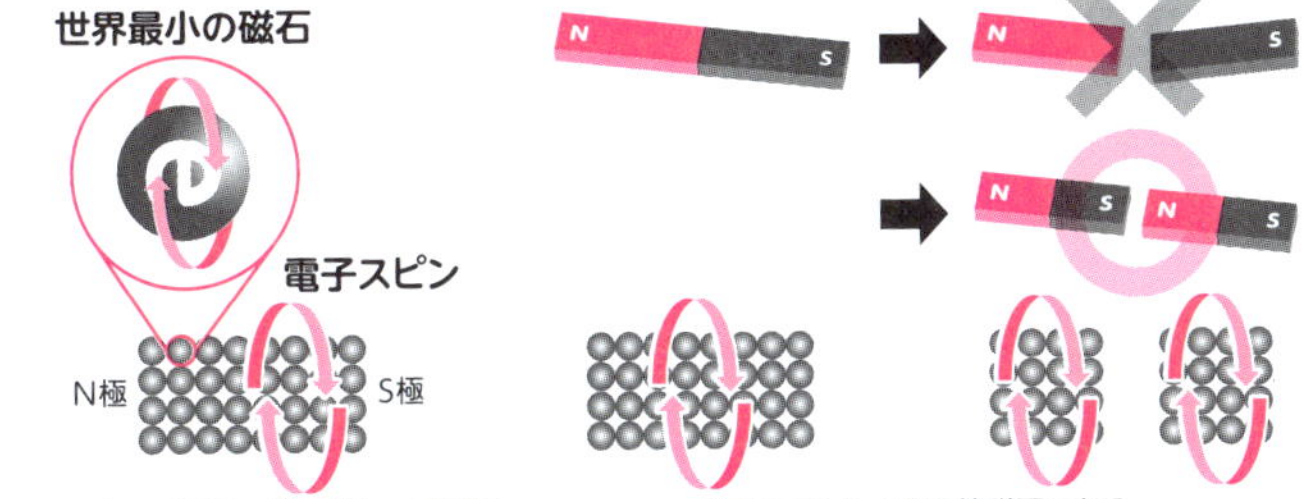

磁石の中では電子スピンがすべて整列！

2つに折ると、2本の棒磁石になる

棒磁石の中には約10^{23}個というとてつもなく多くの電子のスピンが含まれていて、図のようにすべて整列している。棒磁石を２つに折って短くしても両端が電子スピンのＮ極とＳ極になる。つまり、２本の短い棒磁石ができるだけというわけだ。磁石を折り続けると最終的には電子１個になるが、それでも棒磁石のままである。

オットー・シュテルン
（1888～1969年）
ドイツ生まれでアメリカの物理学者。1943年ノーベル物理学賞受賞。

ヴァルター・ゲルラッハ
（1889～1979年）
ドイツ生まれ。物理学者。

11

間違いだが本質を突いた理論に大きな価値があった!

PART3では主に量子力学の黎明期に行われた素晴らしい実験を取り上げてきました。目で見えないほど小さな世界で起こる出来事を初めて観測した物理学者たちは、宝物を見つけた気分だったかもしれません。しかし、これらの実験の多くに、当初は「疑いの目」が向けられたはずです。それでも**真実の追求をあきらめなかった彼らの研究が、ついに量子の世界の幕開けへと人類を導いたのです。**

PART3で紹介した実験以外にも、書き表せないほど多くの素晴らしい実験が行われました。もちろん、成功した実験と同量かそれ以上の失敗、間違った実験や理論、モデルもたくさんありました。特に有名なのは、アインシュタインらが1935年に執筆した「EPR論文」です。**アインシュタインは生涯、量子力学に納得せず、「量子力学は不完全でいまの量子力学はどこか間違っている」という指摘をEPR論文で展開しました。**アインシュタインは彼の知っている物理学、人間としての自分の直感を信じてこの論文を発表しました。

2022年のノーベル物理学賞は、アラン・アスペ、ジョン・クラウザー、アントン・ツァイリンガーの3名に「ベルの不等式が破れていることを示した」という理由で贈られました。これはEPR論文の主張が実験的に否定されたことを意味しています。そして**「1935年にアインシュタインが主張した量子力学の不完全性は間違っていた(つまり、量子力学はあっている)」**と読み替えることができます。

アインシュタインは完全にこの点については間違っていました。ですが、彼の功績を知る**多くの**

ベルの不等式は破れた！

左から2022年ノーベル物理学賞受賞のアラン・アスペ（フランス生まれ。1947年〜）、ジョン・クラウザー（アメリカ生まれ。1942年〜）、アントン・ツァイリンガー（オーストリア生まれ。1945年〜）／ニクラス・エルメヘード画。提供:ノーベル財団

ノーベル賞受賞の３人は「ベルの不等式が破れている」ことを明らかにしてノーベル物理学賞を受賞したが、これは1935年にアインシュタインが主張した「量子力学の不完全性」を否定し、「量子力学の理論は正しい」ことの証明となった。だが、アインシュタインの誤りは本質を突いているため、多くの物理学者によって「偉大なる誤り」と称えられた。

物理学者は、アインシュタインのこの仕事を「偉大なる誤り（Creative Error）」と呼んでいます。彼の鋭い洞察力による**「間違っているが本質をついた理論」は「正しいが重要ではない理論」よりもはるかに大きな価値があった**からです。

アインシュタインを含めた当時の物理学のリーダーたちは間違えることを恐れず、果敢に真実を追求しました。そして、類例のない世紀の物理改革を行って量子力学を形づくり、世界を変えていったのです。

ベルの不等式は、1964年に物理学者ジョン・スチュアート・ベル（イギリス生まれ。1928〜1990年）が主張したんだ。アインシュタインの疑問は長く「哲学的で解決できない問題」とされてきたんだけど、ベルの素晴らしい洞察力が「量子力学が正しいか検証できるよ！」という理論を打ち立てたんだ。ベルが生きていれば、たぶんノーベル賞をもらったと思われる世紀の大発見だったよ。

COLUMN④

波が寄せて来たからって つぶつぶ……いわないの！

「光は量子なので粒であり波である」いまでこそ受け入れられているこの理論は、人類の科学史上、非常に長い間議論されてきた問題です。端緒は古代ギリシャのピタゴラス（紀元前582～496年）で、彼は歴史上初めて光の性質について言及した人といわれています。ピタゴラスはすべての「物」から光は出ていて（りんごは赤く光っていると思っていた）、その光が目に入ることで物が見えると考えていました。光が目に入ると見える、これを「内送理論」と呼びます。

逆に「外送理論」を信じたのがプラトン（紀元前427～347年）で、自分たちの目から出る光が世界を照らしていると考えました。プラトンの弟子アリストテレス（紀元前384～322年）は水を押すと波が起こることにヒントを得て、彼が信じた「4元素説」（火・水・土・空気）の1つ、空気を押すと光が走ると結論しました。彼は光が何らかの波ではないかと記述した最初の人といわれています。

ヨーロッパの近代出発点16世紀以降では、光が空気中から水に入るときに曲がる「屈折」を理論化したスネル（1580～1626年）が「光は波だ」といい、「バネの法則」のフック（1635～1703年）と「光の回折」を説明したホイヘンス（1629～1695年）も「波派」の旗を揚げます。ところが、ニュートン（1643～1727年）は人物の影などがシャープに見えることを理由に、「波ならぼやけるはず。光は粒がたくさんブロックされていることでシャープな影ができる」と言い張って、「光は粒説《つぶせつ》」を大宣伝しました（以後、100年以上粒説は信じられた）。その後、ヤング（1773～1829年）の「光は波説」、フレネル（1788～1827年）の「横波説」、マクスウェル（1831～1879年）の「電磁波の方程式」により、「光は波」が市民権を得ることになりました。そしてプランク（1858～1947年）の量子化をヒントに、アインシュタインが「光子」を提案し、量子である光は「粒であり波でもある」ことを発表。こうして光は粒と波という二重国籍を獲得したというわけです。

PART 4

物理の扉を開いてみたら

1 「ぶつり」っていったい何だろう？

「ぶつり＝物理」ってなんでしょう。漢字の〝物〟を見るとわかりますが、物理でまず重要なのは**「もの＝物」**です。**物理では〝もの〟がどのようにしてできているかを考えます**。

たとえば、わたしたちの**体はすべて原子でできています**。**原子は原子核と電子**からなり、**原子核は中性子と陽子**から、そして**それらはクォークからできている**ことがわかっています。世の中にはいろいろなものがあって、そうした**〝もの〟をつくる材料や物質があります**。**それらの〝もの〟がどのようにつくられているかを考える**わけです。

つぎに**〝もの〟**がいくつかあるとどうなるでしょう。そこには**「こと」**が生まれます。たとえば、風船を針で突つけば風船は割れてどこかへ飛んでいき、同時に大きな音が鳴ります。音は空気を伝わり、わたしたちの耳の中の鼓膜《こまく》を動かしてわたしたちをびっくりさせます。このように**物理はどのように〝こと〟が生まれるかを考えます**。

「もの」と「こと」がどのように生まれるかを理解することは、「自然法則」、つまり**この世界がどのようにつくられているかを知ること**なのです。**自然法則はあらゆる状況においても同じ**です。地球はもちろん、数万光年向こうにある星でも同じ自然法則が成り立っています。

自然法則がわかると、今度はそれを**新しいアイデアで〝使う〟ことができます**。たとえば車やコンピュータなどはガソリンの燃焼や電気が金属を流れる性質を上手に利用するなど、いろいろなものをうまく組み合わせることでつくられます。

そういえば、わたしたちの体も「もの」ですね。**物理とは、わたしたち人類が何ものかを教えてくれる1つの方法**なのかもしれません。

すべて原子でできている「もの」

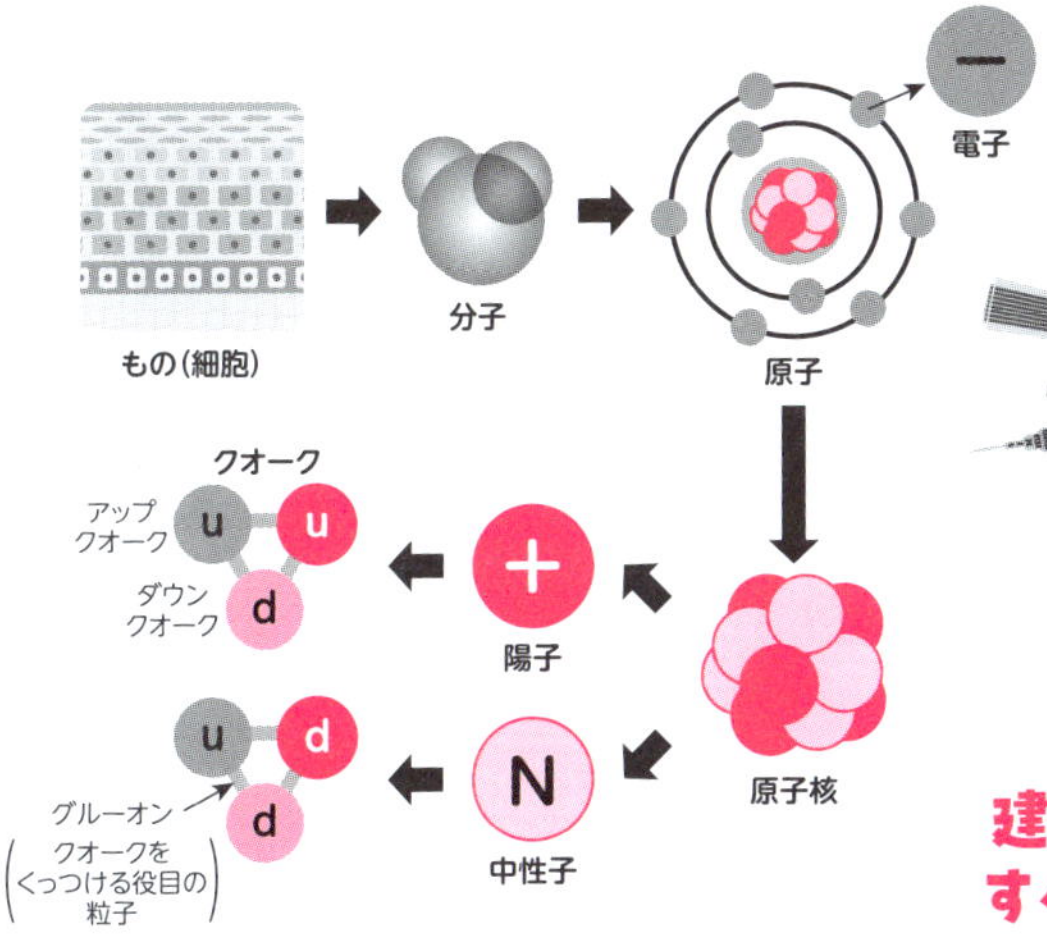

極小の細胞から
建物や巨大な地球まで、
すべて「原子」でできている!

ものが集まってできる「こと」

「こと」はものが集まったときに出てくる運動や現象で、時間に対して変化が起こる。たとえば、風船が割れる、自動車が走る、ボールが飛ぶなどは「こと」の代表例。「もの」が時間とともにどのように変化していくか、というのが「こと」と考えられる。

「自然法則」といったって、わかったような、わかんないような気がするよね。でも、誰でも納得するような具体例を出せば、「ああ、そんなことか」ってわかるかも。たとえば「水は高いところから低いところに流れる」とか、「満杯のお風呂に入れば、自分の体積分のお湯があふれる」なんかは自然法則だ。要するに変えようのない自然の摂理のことで、どんなに試しても同じ現象が再現するんだね。「自然律」ともいうよ。

2 物理ピラミッドは「登りたい派?」「降りたい派?」

「食物連鎖のピラミッド」という図があります。上から見ていくと、肉食動物はその下の草食動物を食べ、草食動物は植物を食べ、植物は分解者によってつくられた養分を取り入れて育ちます。このように**上が成り立つための原因を、下に探していく思考法を「トップダウンの考え方」**といいます。反対に下から見ていくと、分解者が植物を育て、植物が草食動物を育て、草食動物が肉食動物を育てている図式となります。このように**下のほうから上に「何がつくられるか」を思考するのが、「ボトムアップの考え方」**です。

物理でも同じような考え方を使ったりします。宇宙は銀河から、銀河は星から……と大きいほうから小さいほうにトップダウンで考えたり、クオークがつながって陽子に、陽子と電子がくっついて原子にと、小さいほうから大きいほうにボトムアップで考えたりします。

この考え方は、「もの」だけではなく「こと」にも使うことができます。たとえば、ふつうの金属に電気を流すと熱くなるのは電気抵抗があるためですが、**超伝導体という材料では電気が抵抗なく流れます**。リニアモーターカーが大量の電気を使っても熱くならない、効率よく走れるなども超伝導材料を使っているおかげです。このとき、**「何で超伝導効果は起こるのだろう」「金属の中では何が起こっているのだろう」とその原因を考えるのがトップダウンの考え方**です。その逆で**「超伝導効果は電気が効率よく使えるのか。これを使ってどんなものをつくろう」と考えるのがボトムアップの考え方**です。

物理学者はこのようにピラミッドを登ったり、降りたりするなど、行ったり来たりしながら物事

食物連鎖のピラミッド

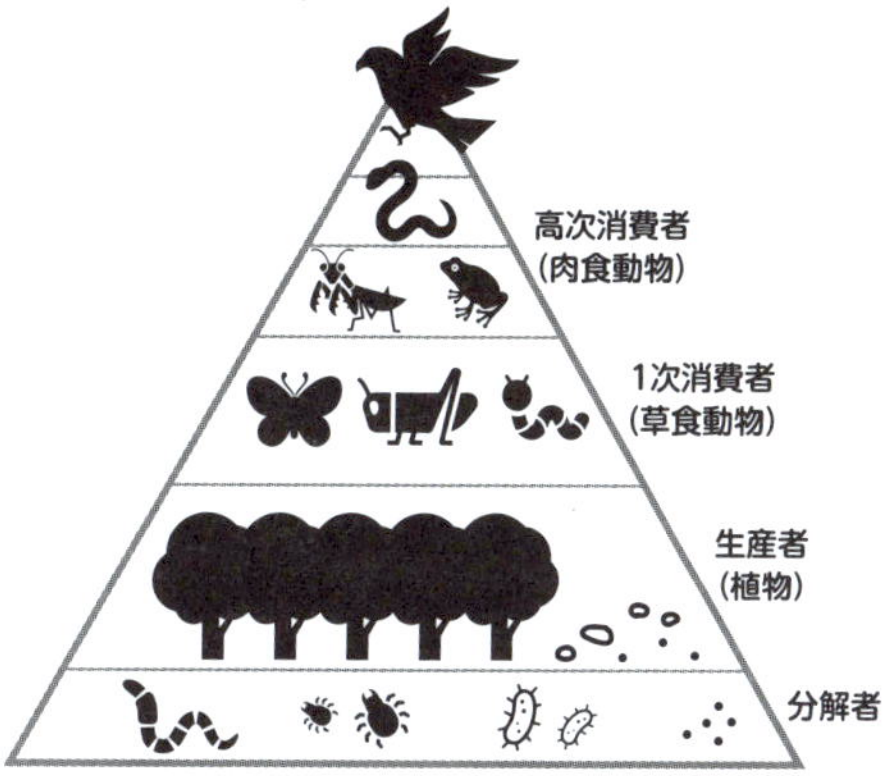

食物連鎖のピラミッドを考え方に置き換えると、食物連鎖の頂点「肉食動物」から最終的な「分解者」まで順を追って考えるのがトップダウン型、反対に「分解者」から「肉食動物」までたどって考えるのがボトムアップ型だ。

物理学の思考法

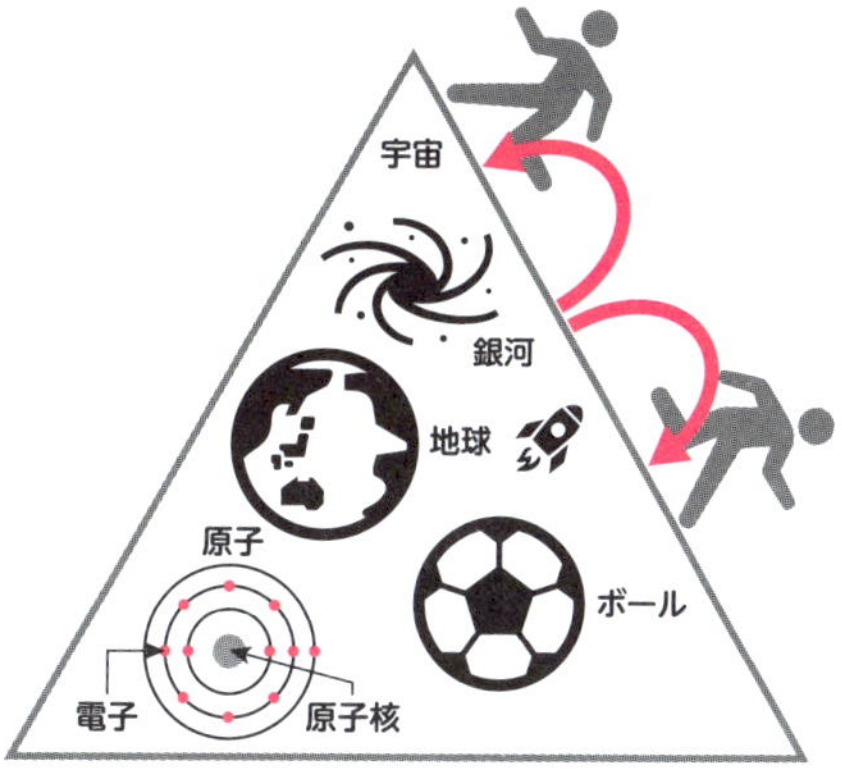

物理での考え方をピラミッドになぞらえると、トップダウン型「降りたい派」とボトムアップ型「登りたい派」に別れるが、この考え方を状況によって物理学者は使い分けている。

物理でも考え方には2種類あるんだね。「トップダウン型」と「ボトムアップ型」だ。結果を見てそれがどうしてそうなるのかを考えるのがトップダウン、問題の起点から積み重ねていき結果を求めるのがボトムアップ。どちらにしろ、目の前の状態をベースに必要なことを考える方法だから、仕事や生活に生じる問題にも使えるかもしれないね。

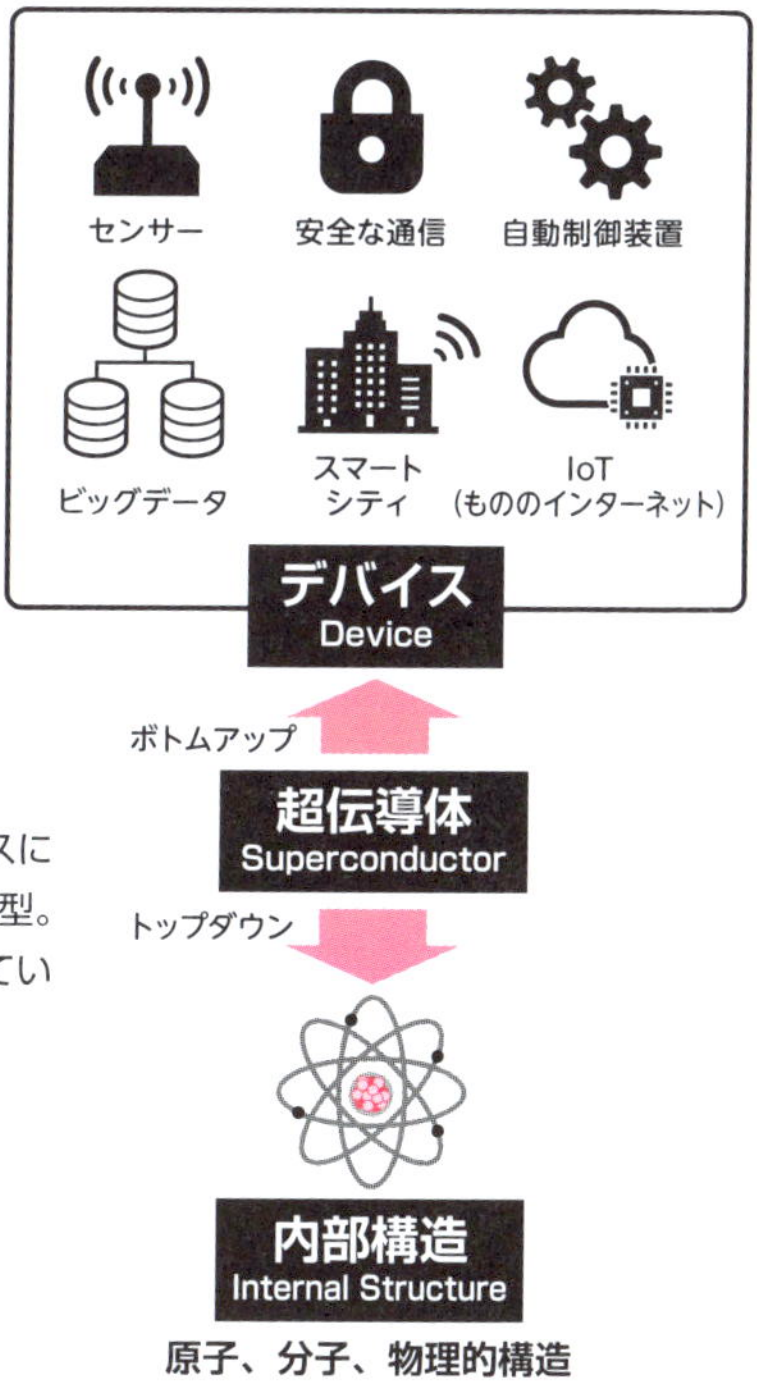

「超伝導体」があったとき、それをベースに何をつくろうかというのがボトムアップ型。反対に「超伝導体」の中で何が起こっているのかを考えるのがトップダウン型。

を考えて研究しているのです。

3 数学という「ことば」が物理で持つ意味とは？

日本語はとても便利です。日本語にはひらがなもカタカナも漢字もあるからです。たとえば外来語の「hot dog」なら「ホットドッグ」とカタカナで書けばわかりやすいけれど、「ほっとどっぐ」とひらがなで書くと、なんだか読みづらい。カタカナで書けるのはとても便利。

「りょうしとりょうしのりょうしはりょうしろんとりょうりにはまっている」とひらがなのみで書かれると、読みにくいうえに理解するのに苦労しますね。この場合は「猟師と漁師の両氏は量子論と料理にはまっている」と漢字を使うとわかりやすい。また、俳句の五・七・五や短歌の五・七・五・七・七という配列では音並びがきれいに聞こえます。つまり、日本語の表現では特定の文字や特定の音の並びを使うことで意味がわかりやすくなったり、表現が豊かになったりするわけです。

では、**物理を表現する言葉とは**何か。それは**数学**です。数学には代数や幾何、解析という大きな分野や応用数学がありますが、その中には微積分や数列、統計などといった小さな数学の種類があります。

こうした**数学という言葉を使うと、物理現象がわかりやすくなり**、物質を豊かに表現することができます。リズミカルできれいな文章が読みやすいように、**物理によくあった数学の手法を選ぶことで物理が非常に理解しやすくなります**。作家が文字や言葉の配列を駆使して豊かな表現をするように、**物理学者は数学という表現技法を使って物理を書いていきます**。つまり、**数学は物理を話すための「ことば」**なのです。物理学者は上手に物理を話すために数学を学んでいるわけです。

適切な表記がなければ迷う

物理は数学がことばだ！

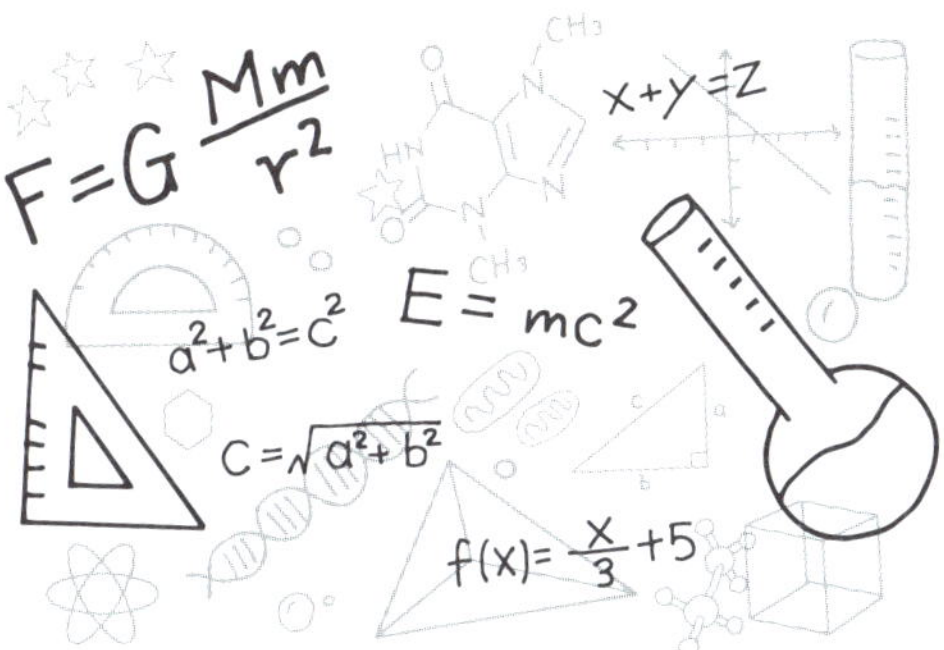

物理は数学をことばとして使う学問だ。数式から物質が持つ性質を読み取ることができたり、また実際数値を数式に入れてみると、どれくらいの重さのものが必要だとか、何アンペア電気が流れるかとか、具体的な値も計算できる。物理を考えたり、役に立たせるためには、数学はなくてはならないものだ。

$$i\hbar\frac{\partial}{\partial t}\psi(x,t)=\left[-\frac{\hbar^2}{2m}\nabla^2+V(x,t)\right]\psi(x,t)$$

数式は、PART1-8の項にも掲載したシュレーディンガー方程式。ニュートンの運動方程式（ニュートン力学）がマクロな世界の運動を記述するのに対して、シュレーディンガー方程式はミクロ世界で振る舞う量子の運動を記述する基本方程式となった。

日本語でも標準語や関西弁、東北弁などいろんな言い方があるよね。聞きなじみがないと何をいってるのかわからないし、逆に独特の言い回しや略し方もある。マクドナルドって東京は「マック」というけど、大阪では「マクド」だ。同じように物理を書くときの数学も、みんなちょっとずつクセや方言があるんだよ。初めは読みづらくても、よく読んでいくとだんだん慣れてくるんだ。だから、新しい物理を勉強するときは、ちょっと数学の方言（自分が慣れ親しんでない数学）を学ぶことも多いんだよ。

なまら
ちょす
えらいわ〜
いいじー
ぐねる
さし
しゃっこい
からう
でかす
ちばける
はわく

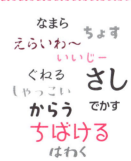

4

物理学者には「実験屋」と「理論屋」がいる!

あまり世間では知られていないことかもしれませんが、**物理学者は大雑把に2タイプに分けられます**。いろいろな**測定をして物の正体を暴く「実験屋」**と、**数学をふんだんに使って物事の本質を書き表そうとする「理論屋」**です。

実験家は測定器を使って、長さ・時間・電圧・光の量などさまざまなものを測っていきます。その測定結果から物の性質がわかってきます。たとえば、マグネシウム(Mg)という元素には同じ元素でも重さがほんのわずか違ういくつかの種類(同位体※)があります。重さを上手に測るとこれが重いMgか、軽いMgか、それとも中くらいのMgなのかわかります。それらがビンの中でグチャグチャに混ざっていたとしても、うまく測ると重いMgから軽いMgまで、どの程度の割合で入っているかを調べたりすることもできます。このように実験家は、測定から物事を暴くプロなのです。

理論屋はペンと紙とコンピュータが武器です。**理論屋は数学を使って上手に物理法則を記述します**。それは「物事はこうなっていますね」という説明書を、数学を使って書いていくことです。たとえば、理論屋は「太陽の重さの変化」をさまざまな考え方から数学を使って表します。これを「モデル化」といいます。モデルが正しいと太陽の重さの変化を忠実に数式で表すことができます。

理論の素晴らしいところは、モデルを通して「これから何が起こるか」、もしくは「昔に何が起こったか」を予測ができることです。宇宙の始まりや終わりから、超伝導体に電気を通すとそれらがどう振る舞うかなど、理論屋はきれいに数学を使って予測できるのです。

※同位体:性質はほとんど一緒の同じ原子子だが、重さが少し違う。
マグネシウムには3種類安定した同位体があることが知られている。

遠くて近い実験屋と理論屋の本当の関係

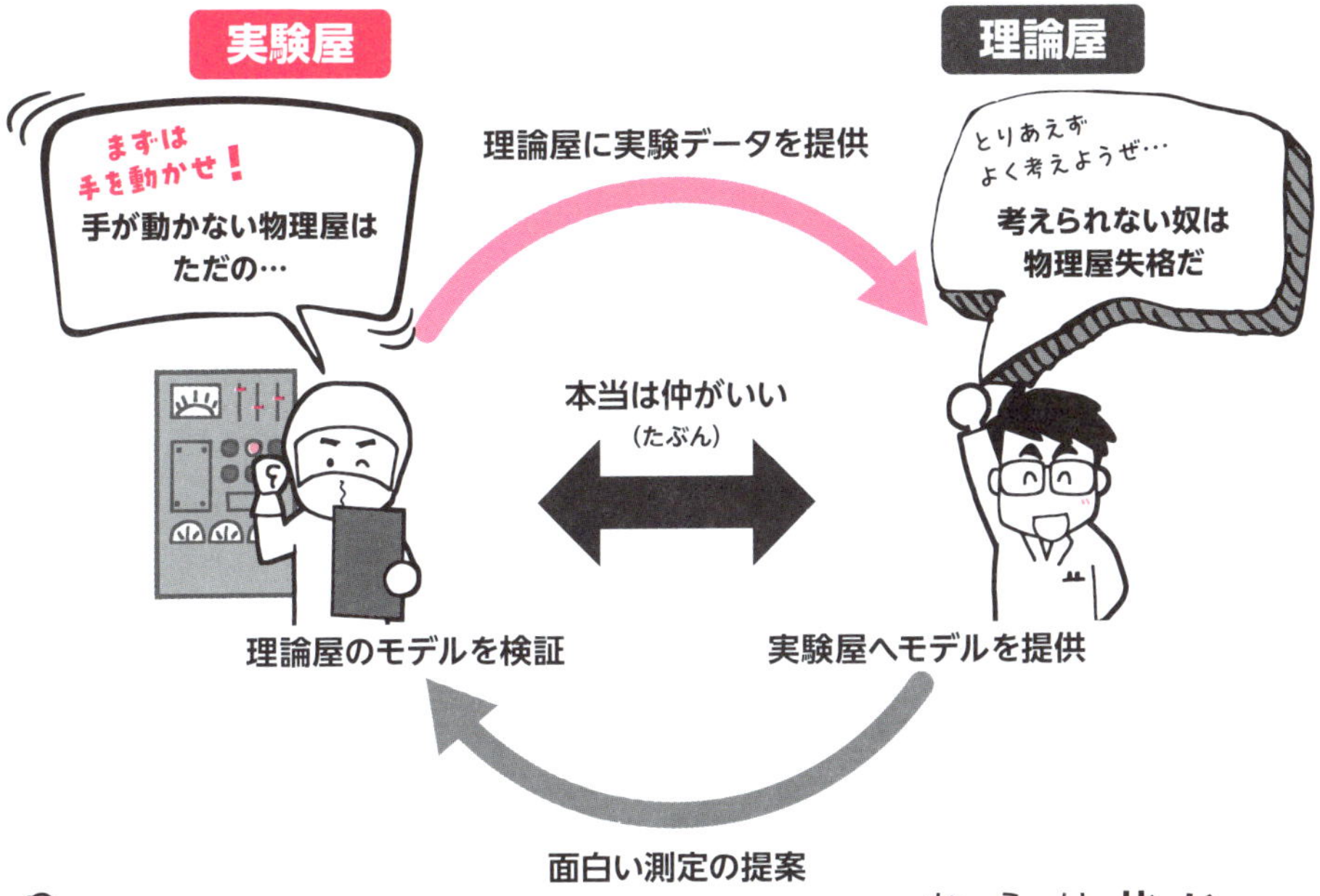

実験家は理論屋の予想を借りて、何を測ればよいかを吟味し、理論屋は実験結果と自分の数式を比べて、間違いがないかをチェックします。つまり、実験屋と理論屋はまったく別のことをしながらお互いを頼りにする（たまにケンカする）親友なのです。

実験屋と理論屋っていう考え方は、いろいろな業種にも当てはまるかもね。特にスポーツなんかそうかも。コーチが練習方法なんかもっとも効率のいいフォームとかを教えて、アスリートがそれを実践する。うまくいけばいいけど、ダメなときは自分に才能がないのか、コーチの理論が間違っているのか、大いに悩んでしまう。でも、お互いを信頼できるすぐれたコーチと選手が、オリンピックなどの大舞台で活躍するんだ。物理における実験屋と理論屋も、お互いをサポートすることでベストパフォーマンスが生まれる。ノーベル物理学賞の多くが理論屋と実験屋の両方に与えられているのは、どちらも物理には重要だからなんだね。

5 世の中の「あいまい」をなくしていくのも物理だ！

時計は世紀の大発見だと思う。時計がないと行きたくない歯医者には遅刻しそうだし、市営プールに行くときには早く泳ぎたくて利用時間前に着いてしまいそう。そんなことのないように、わたしたちの世界は電車や飛行機など多くの乗り物が時間通りに動いて社会を支えています。それが可能になったのも時計があったからこそ。時計という文明の利器が発明されなければ、わたしたちの生活は全然いまのようにはいかないでしょう。

物理的に見ても時計は世紀の大発見です。それはなぜでしょうか。実は**時間というのはとても「あいまい」**だからです。楽しい時間はあっという間に過ぎ、勉強や宿題で机に向かっていると時間がゆっくり進む（ように感じる）。ところが、こんな**あいまいな時間を時計はとても正確に計ることができます**。それが可能なのは、時計の中の**振り子がどんな状況でも常に同じ間隔で振れるという原理で動いている**からです。

色の表現も同じです。「うぐいす色」や「みずあさぎ色」などといわれても、色彩の専門家でなければ、思い浮かぶ色はかなりまちまちだと思います。ですが、**赤・緑・青の成分がどれくらい含まれているかをＲＧＢ形式という方法で表すと、うぐいす色＝１４６、１４０、５４、みずあさぎ色＝１１４、１５４、１５９という３つの数字で正確に表せます**。

音も同様です。たとえば、同じ〝ド〟の音を弾いてもバイオリンとピアノの音色《ねいろ》はちがって聞こえます。**この音色も色と同じように数字で表すことができ、同じドでも異なる楽器の音を数字の組み合わせで正確に表すことができます**。このようにあいまいなものを「誰もが同じように表せるように、同じものをつくれるように」と正確な値を明示するのも物理の仕事なのです。

あいまいなものを測ってみる

わたしたちの時間の感覚は全然正確じゃない。これを振り子という発明で、誰でもどこでも同じような時間をつくれるようにしたのが時計だ。日常にあるさまざまな「あいまい」を、誰もが同じものとして扱えるようにするのも物理の仕事である。

あっという間の時間

ゆっくりな時間

振り子

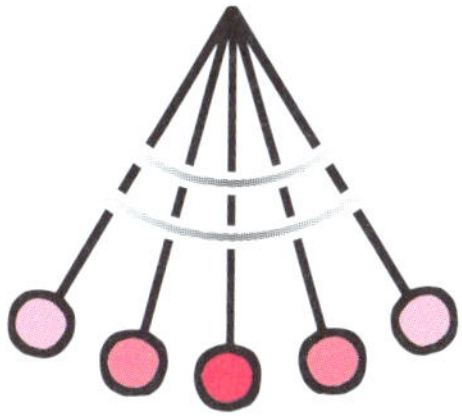

常に同じ時間

音色を測ると楽器の種類がわかる

同じ音階であっても楽器によって音色が異なる。それを数値化するとどの楽器のものかがわかる。

円やドル、ユーロのように国ごとでお金の単位が違うね。でも、国によって長さの「単位」が違うととても困っちゃう。昔は日本では寸とか尺とか、アメリカではインチやフィートなどが一般的だったけど、いまでは国際単位系というものを世界各国で使っている。メートルとかキログラムとかはこの国際単位系で、1948年から少しずつそのルールを決めてきたんだ。国際単位系を使っているおかげで、みんなの測定が共有できて、これも物理だけじゃなくて科学全体の促進につながっているんだ。

6

「4つの物理」ニュートン力学と相対性理論
速い、ゆっくり？

物理学はいろいろな分野に分かれています。統計物理学、熱力学、量子力学などの名前を聞いたことがあるかもしれませんが、これらがどのような考えで分類されているのかは、知らない人が多いのではないかと思います。

いろいろな分け方があるのですが、物理学者の多くが、まず**物理をものの「大きさ」と「速さ」という2つのカテゴリーに分け、それを使って4つの物理に分類**しています。

図にあるように、縦軸をものの大きさ、横軸をものの速さに分けます。左上の図の**「大きなものがゆっくり動いている」物理が「古典力学」、もしくは「ニュートン力学」**と呼ばれている分野です。大学に入るまでにみなさんが習うほとんどの物理学はこのニュートン力学です。1700年代までにその基礎が大きくできあがりますが、ニュートンを代表とする多くの科学者の手によって長い間かけて開拓された物理学です。**天体の動き、投げたボールがどこに飛んでいくのか、電車の動き、などはすべてこのニュートン力学という分類で説明されます**。

右上の図にあるのが、**「大きなものが速く動いている」物理学。それが相対性理論**です。この分野はかの有名な**アインシュタインが、かなりの部分を1人で明らかに**していきました。恐るべき天才アインシュタイン。

ここでいう**「速い」とは光の速さに比べてということ**です。もちろん、光速を超えるものはないので、**光速に近づくという言い方のほうが正しい**のかもしれませんが、光速の100分の1程度までものを速くすると、相対性理論のふしぎな効果がだんだん見えはじめます。動いている棒が短くなったり、ロケットに乗った人の時間がゆっくり進んだり、光が曲がったりなど、一見**わたしたちの常識からすると起こり得ないことが、この世界では常識となる**のです。

物理学の4つの理論

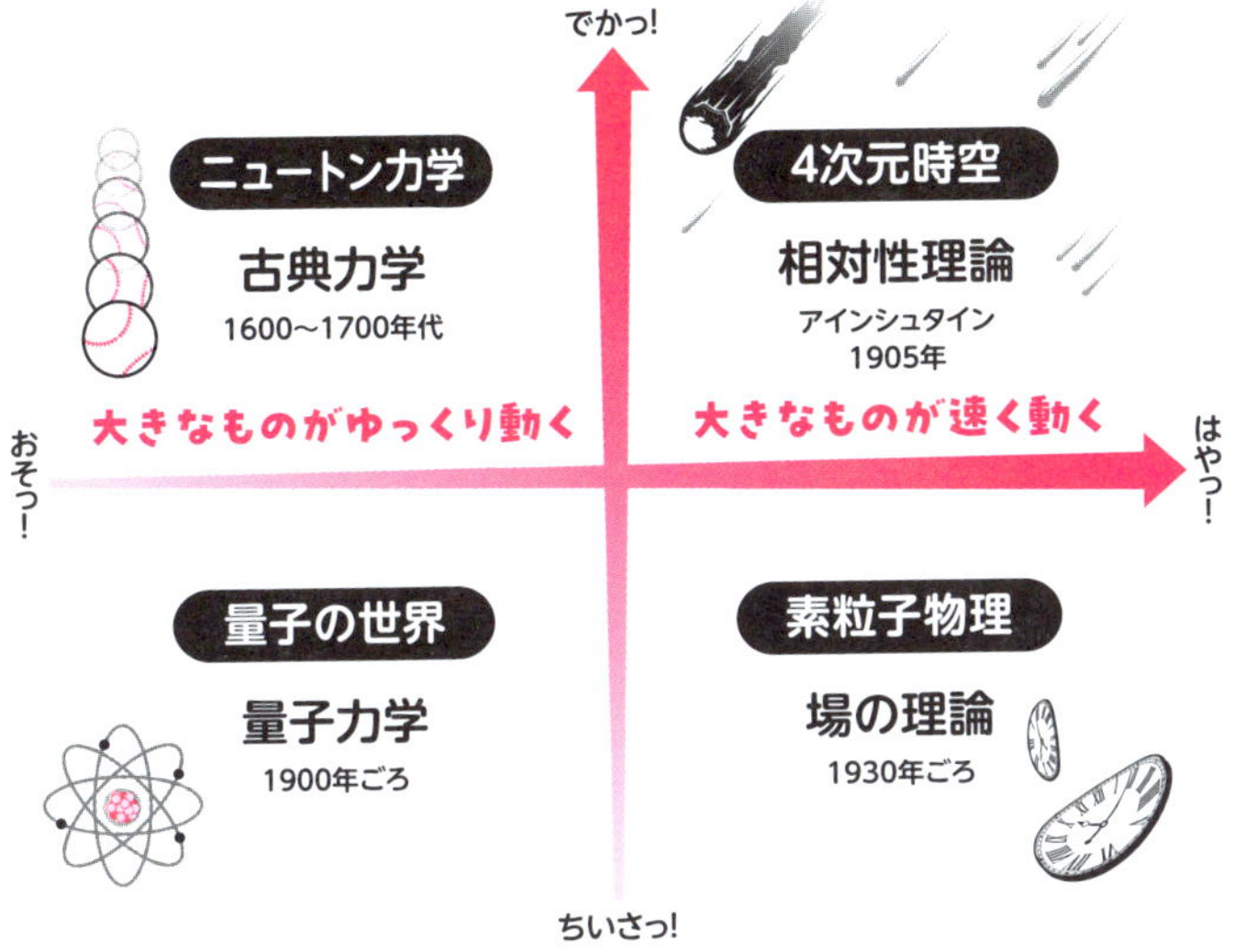

物理学にはさまざまな理論があるが、図のように「古典力学」「相対性理論」「量子力学」「場の理論」のように4つに分類できる。古典力学と相対性理論については本文で簡単に述べた通り。「量子力学」は分子や原子、原子内の電子や原子核などの極小な粒子が従っているルールを扱う理論。「場の理論」は〝速い〟と〝小さい〟の合わせ技で、「相対論的量子力学」とも呼ばれる。

物理学では、ニュートンを代表とするたくさんの人でつくり上げた「古典力学」とアインシュタインが唱えた「相対性理論」が有名だね。簡単にいうと古典力学はみなさんも聞いたことがある「ニュートンの運動法則」に基づいていろいろ計算をして、光の速度よりはるかに遅い物体の運動を明らかにするんだ。また、アインシュタインの相対性理論は速いものだけでなく、宇宙の膨張とかブラックホールとか、重力のかかわったスケールの大きい物理現象を説明するのにも適している。それまでの常識を疑って「光速は一定だ!」と言い切ってつくり上げたすごい理論なんだよ。

相対性理論のふしぎ

光の速度がスピードの限界だが、その速度に近づいたり加速すると変わったことが起きる。たとえば、相対性理論によれば双子の兄が光速に近い速さで宇宙に飛び立ち、数十年後に地球に帰ってきたとすると、地球にとどまっていた双子の弟よりはるかに若いままである。これは「ウラシマ効果」とも呼ばれる相対性理論の「ふしぎ」である。ニュートン力学ではみなさんがどこにいようと何をしていようと、同じように年を取っていくと考えている。しかし、光の速さに近い速度で動くものにとってはそうではない。異なる速さで動くものは、各々が異なる時間を持つことがすでに検証されている。これが相対性理論の「ふしぎ」なのだ。

7

「4つの物理」量子力学と場の理論
大きい、小さい？

前項の「4つの物理」図の左下を見てください。ここがこの本の推し、そう量子力学です。**もののの大きさが小さくなると物理のルールが変わってきます**。相対性理論のように、わたしたちから見るとちょっと**変わったことが、ふつうに起こる**のです。

1800年代中期から試されたさまざまな実験で、ニュートン力学の予想から外れた実験結果が出てきました。当初は測定装置の性能が上がったからこそ見えた小さなズレだったのですが、何度測ってもやはりズレている。これは**ニュートン力学が、ある条件では完全ではない**ことを表していました。そこで多くの物理学者が集まり、このズレをきちんと説明する物理学をつくり直したのです。それが量子力学です。

量子力学の誕生には、プランク（ドイツ）、ボーア（デンマーク）、シュレーディンガー（オーストリア）、ド・ブロイ（フランス）、ハイゼンベルグ（ドイツ）、ディラック（イギリス）、もちろんアインシュタイン（ドイツ）も大きく貢献しました。これらたくさんの物理学者が、ときにはケンカ腰の大議論を数多くくりひろげた結果として、量子力学が無事この世に生まれたのでした。

4つの物理の最後に紹介するのが前項の図の右下、相対論的量子力学で通称**「場の理論」**と呼ばれる分野です。これは量子力学の効果が見えるようなものが相対性理論で使われるような高速で動いたらどうなるのかを記述する物理学です。加速器を使った素粒子実験は、電子や原子などの小さなものを高速に加速して、そこから各種の素粒子が出てくる様子などを観察する実験ですが、これらの実験では「場の理論」がとても重要になってきます。

ここまで2項にわたって「4つの物理」を見てきました。**物理学者はまず物理全体を4つの分野に分けて、それぞれにあったルール（ニュートン力学、量子力学、相対性理論、場の理論）を用いて、ものがどうなっているのかを調べていく**のです。

量子ワールドのふしぎ

電子や原子のようなミクロの大きさになると、ものの従う「ルール」が異なってくる。そのため「ふしぎ」と思う物理現象は、このルールの下ではふつうのこととなる。

不確定性原理

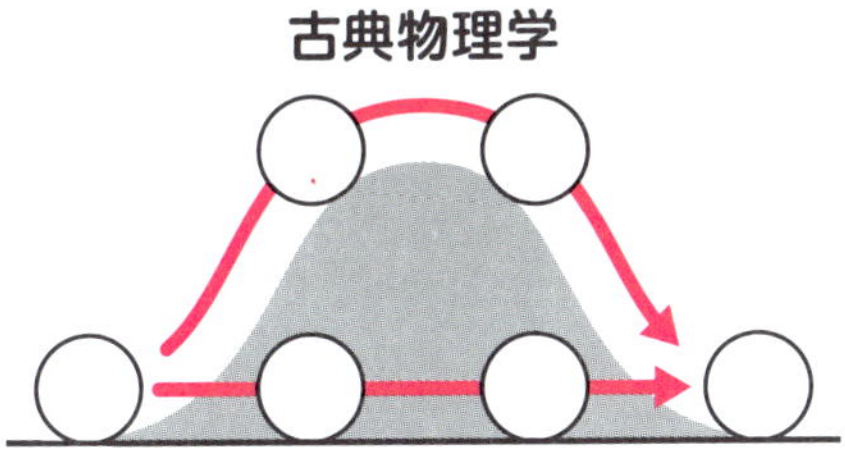

量子トンネリング

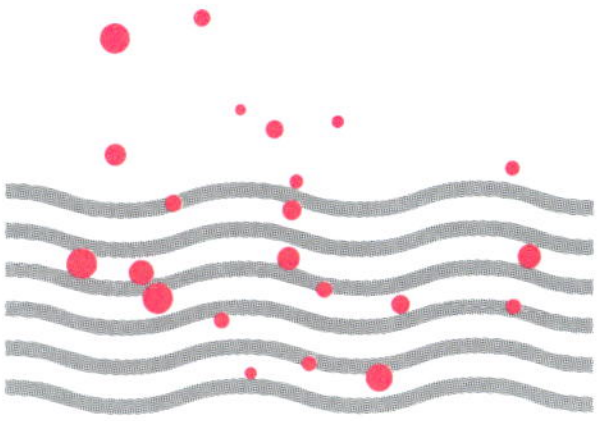

粒と波

量子のもつれ合わせ

重ね合わせ

量子テレポーテーション

8 世界の見方を根本から変えた現代物理学！

「4つの物理」の分野というのがはっきりわかってきたのは20世紀に入ってきてからです。それまではニュートン力学がすべてでしたが、**量子力学と相対性理論の誕生と発展により、物理学が一気に広がりを見せる**ようになりました。この時期を境に物理学は新時代に入ったといっていいでしょう。現在に見られるように**種々の細かい分野に分かれた「現代物理学」がはじまった**のです。

現代物理学はいろいろな意味でわたしたちの生活を変えました。その**1つが半導体技術などに支えられたテクノロジー**です。現代生活において、わたしたちはさまざまなところでコンピュータを使い、通信システムを使います。デジタルテクノロジーで支えられたものづくり社会は、急速にわたしたちの生活を変えていっています。医療や教育、交通や産業など、これからも現代物理学によって多岐にわたるテクノロジーが世界を変えていくことでしょう。

さらに重要なのが、**現代物理学はわたしたちの考え方をも根本から変えた**ということです。ニュートン力学を基礎として人類が信じていた世界は、実はそれ以上に複雑で、しかもおもしろいことがわかってきたのです。

これまでの時間や空間といった概念、不確定性原理や重ね合わせ状態といった量子力学のふしぎなルール、これら**相対性理論や量子力学の新しい考え方は物理の発展だけではなく、化学、生物、工学、数学などの自然科学はもちろん、心理学、言語学、社会学、音楽、映画などの社会科学や芸術分野にも「新しい世界の見方」を提供**しました。たとえば、ピカソは相対性理論の時間と空間のアイデアから、「キュビズム」という独特の絵画スタイルを考え出しました。

このように社会を俯瞰して見ると、わたしたちはふだんの生活や考え方のさまざまなところで、現代物理学の影響を受けているのです。

量子ワールドのふしぎ

トンネリング　不確定性原理　もつれ合わせ
テレポーテーション　波？粒？　重ね合わせ

相対性理論で見る物理現象

光は曲がる！　時間は変わる！
速度には限界がある！

量子力学・相対性理論が問う世界とは

見るという行為？
表現ってなに？
無限小って？
空間って？
時間という概念？
実在ってなに？
“何もない”って…どういうこと？

量子力学に影響を受けた概念

量子力学や相対性理論に挙げられる現代物理学は、わたしたちの既存の概念をくつがえし、新しい世界の見方を提供したが、これらはさまざまな分野に直接的、もしくは間接的に影響を及ぼした。言語学、哲学、人類学をはじめ、芸術や音楽といった広い分野にその影響は及んでいる。特にアーティストはとても敏感なアンテナを持っていて、これらの人たちの作品から、現代物理学が提案するいろいろな問いに対する多様な影響が見て取れる。

・哲学　・数学　・音楽　・絵画
・社会学　・人類学　・情報学　etc

キュビズム
ピカソ作「泣く女」(1937年)
西洋絵画美術館蔵

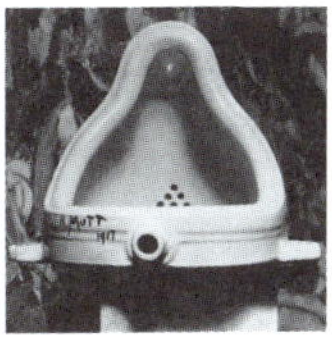

ダダイズム
デュシャン作「泉」(1917年)
という名の小便器

9 物理が明かす「こと」をつくる4つの力とは？

物理は「もの」と「こと」でできていることをPART4の初めに書きました。**もの同士が出会うと何か「こと」が起こる**のですが、たとえば、2つのものがぶつかったり、くっついたり、反発したりするのをここでは「こと」といっています。

「こと」が起きる原因は、「力」がかかるからです。そしてこの世界には、実は**4つしか力の種類はない**のです。

4つの力とは「弱い核力」「強い核力」「重力」「電磁気力」です。（弱い・強い）核力という言葉は、あまり聞き馴染みがないかもしれません。**原子は、陽子、中性子、電子を含めた素粒子と呼ばれる粒がくっついてできています**。このくっついてできている**原子がバラバラにならないように**、もしくは**時にバラバラになるように用意されている力が「核力」**です。極端な話、世界の核力をオフにできるスイッチがあったと

「こと」をつくる4つの力とその「運び屋」さん

強い核力
(Strong Force)

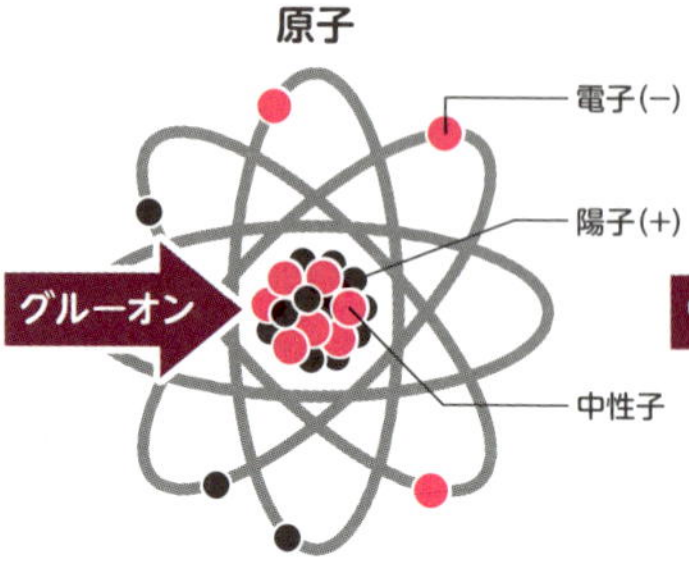

グルーオンとはクオークや反クオークを結合させせる「強い核力」を運んでくれる粒子。この力によってクオークや反クオークがくっつくと陽子や中性子、中間子などのハドロンと呼ばれる複合粒子ができる。

弱い核力
(Weak Force)

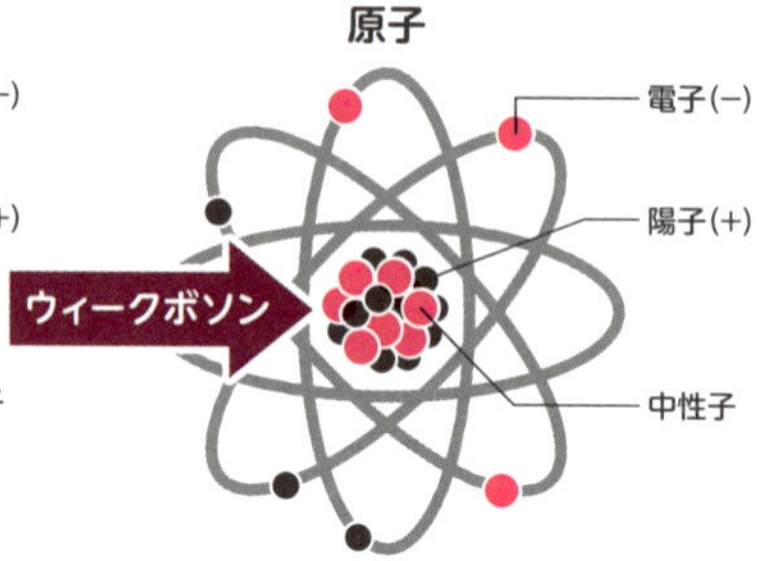

ウィークボソンとは「弱い核力」を運んでくれる粒子のこと。基本的に原子核の中に隠れていて、まったく姿を見せてくれない。

電磁気力
(Electromagnetic Force)

電磁気力を運んでくれる粒子こそが「光」。特に〝粒〟として考えるときに「光子」もしくは「フォトン」と呼ばれ、〝波〟として考えるときは「電磁波」とも呼ばれる。基本的には、光＝光子（フォトン）＝電磁波だが、話す内容によって使い分ける。

重力
(Gravitational Force)

「グラビトン」とは重力を運んでくれる粒子のこと。グラビトンは目には見えないが、重力場を持っている地球や太陽は多くのグラビトンを出しているはず。ただし、グラビトンは他の物質との相互作用が弱く、観測はまだなされていない未発見の素粒子。

すると、そのスイッチをオフにした瞬間、わたしたちの体や地球など、すべてのものが細かい粒にバラバラになってしまいます。ただし、核力の影響をわたしたちの生活で見ることはほとんどありませんから、とりあえず無視して大丈夫です。

残りは**重力と電磁気力**です。つまり、わたしたちが生活の中で見るすべての物事、たとえば、星が光っている、車のエンジンが回転する、雨が降る、身近なところでは手をこすると温かくなるなどなど、これらの**物事は元をたどるとすべて重力と電磁気力という2つの力によって起こります**。

でも、本当に世界には、弱い核力、強い核力、重力、電磁気力の4つの力しかないのでしょうか。

実は1970年代に**「5つ目の力が存在する」**との**新しい物理理論が提示**されました。ですが、まだ**その力の存在は確認されていません**。そのため**いまのところ力の種類は4つしかない**ことになっています。

それにしても、4つだけって、この世は思ったよりもシンプルにできているんですね。

COLUMN⑤

「物理屋」になるにはどうすればいいの？

物理学を仕事にしている研究者をわたしたちは「物理屋さん」と呼んでいます。そんな物理屋さんに「どうすればなれるのでしょうか?」としばしば聞かれたりします。

物理屋になるために多くの人が大学で物理学を専攻します。大学ではまんべんなく物理学の基礎を勉強します。基礎としては、「力学」「電磁気学」「量子力学」「相対性理論」「熱力学」「統計力学」などが挙げられます。そのような勉強を続けていくとだんだん物理学全体の基礎がわかってきます。少し専門的になると、「固体物理学」「天文学」「光学」「原子核物理学」「素粒子論」「計算物理学」「流体力学」「生物物理学」なども勉強することになります。

大学を卒業すると、つぎは大学院への入学です。大学院では通常2年間の「修士号」取得のトレーニングと、その後に3～4年間にわたる「博士号」取得のトレーニングがあります。修士号で卒業すると「マスター」という呼び名（称号）が与えられ、博士号を取って卒業すると「ドクター」という呼び名が与えられます。

大学院では主に研究に精を出します。「この謎の物理学の問題についてとことん調べる、考える！」というのが研究です。博士号を取得したときには、ほぼ世界でいちばんその問題についてわかるようになっています。つまり、どんな小さな研究問題でもいいのですが、ある問題について「世界一知っている」というのが、「ドクター」と呼ばれる条件だ、と考えてもいいでしょう。

研究は努力だけではなく運が左右することもあります。実験がうまくいかなかったり、問題がどうしても解けなければ研究期間が1～2年延びたりします。これはふつうにあることです。海外を見ると、アメリカなどでは大学院での研究期間が日本に比べて長いところが多く、通常6～7年間の期間研究します。

大学院を卒業してドクターの称号をもらうと、今度は研究員として就職します。ここでようやくお金が稼げる一人前の「物理屋」になるわけです。研究員として主に就職する先は、企業の研究所、国立の研究所、大学の研究所や大学教員です。

ところで、この「物理屋」という呼び方ですが、物理学者を大きく括《くく》った呼び名です。いわばサーカスで技を披露する団員を「サーカス団員」とまとめて括ったような言い方かもしれません。当然ですが、サーカス団員は、空中ブランコ、輪投げ、一輪車、ナイフ投げの達人とかの専門技能を持つ団員が活躍しています。同じように物理屋にも、光、原子核、素粒子、固体物理、統計物理の専門家といった研究者がいて、それぞれ得意技を使って研究に日々励んでいるからです。

年に何回か「物理学会」という大会があり、そこにはたくさんの物理屋が集まります。それはまるでサーカスの興行のようです。物理学会にはいろいろな得意技を持った物理屋と学生が集まり、お互いの研究（得意技）を見せあって、「ああだ、こうだ」と議論する、とても楽しい大会です。このようにみんなと楽しんで研究する中で、少しずつ立派な「物理屋」になっていくのです。

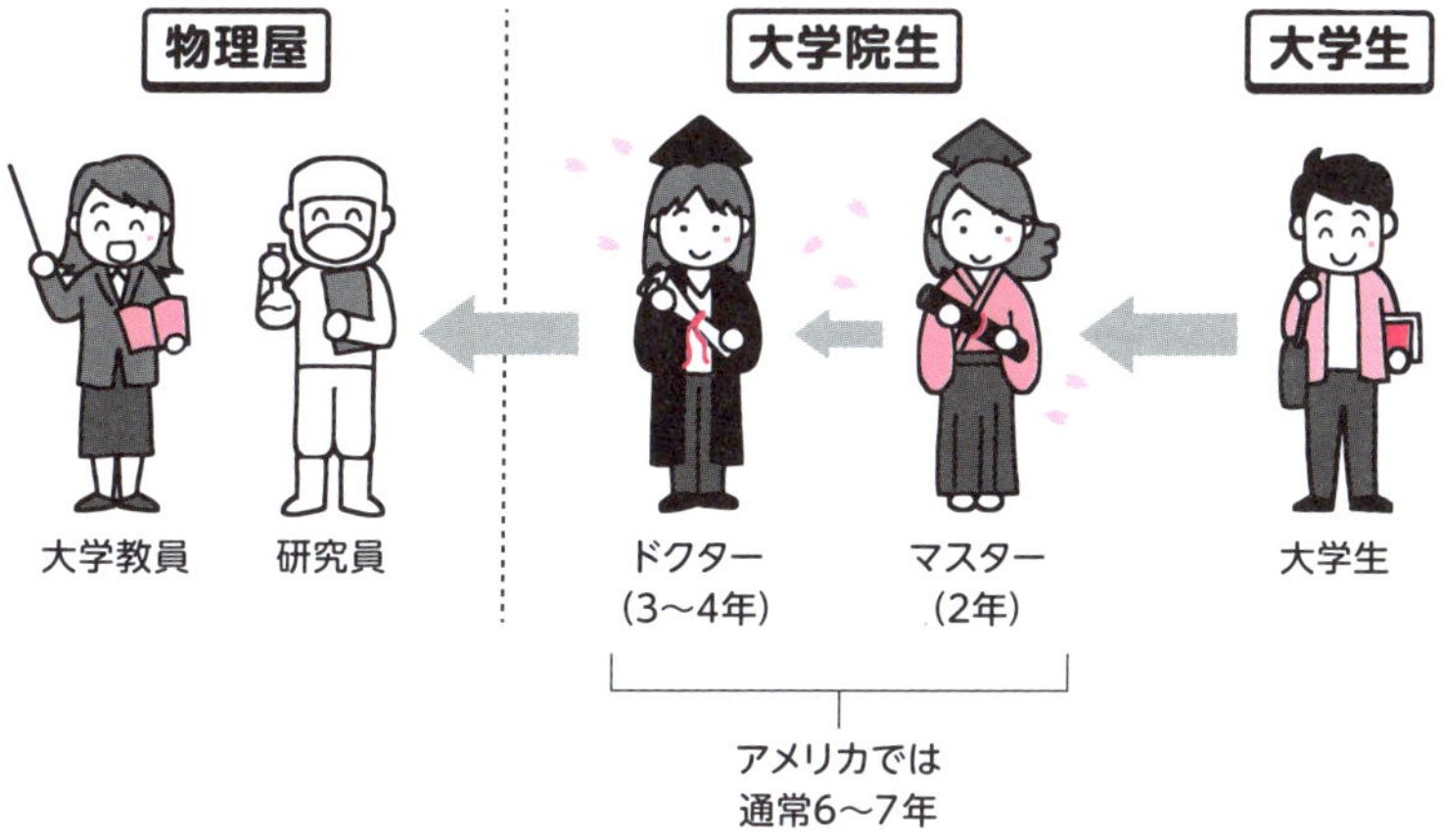

10 日常生活の現象はほとんど電磁気力が起こす！

先に世界には4つ力があると書きましたが、実は、**身の回りで起こっている現象は少しだけ重力が入って**きているものの、ほぼほぼ**その起源は電磁気力**です。

たとえば、野球選手がバッティングでボールを見ているときは、**ボールに反射された光が目に入って電気信号に変換され、脳が処理**している状態になっています。ボールからの**光の反射を目で電気信号に変換し、脳内で起こる化学的なイオンのやり取りで信号処理（考える）**するわけです。もちろん、ボールがバットに当たって音がする、変形する、飛んでいくなどもすべて電磁気力に依《よ》っているのです。要するに、コンピュータが計算したり、風が吹いたり、紅葉で木の色が変わったり、ガソリンが燃えてエンジンが回ったり、コーヒーが苦かったり……わたしたちが目にする**さまざまな現象は電磁気力がその起源**だ、ということです。

電磁気力以外では、重力による現象がわたしたちの生活の中にいくつか存在します。当然ですが、バットでヒットされたボールが宇宙に飛んでいくことはなく、重力に引っ張られて落ちてきます。**地球が太陽の周りを、月が地球の周りを回っているのも重力のせい**です。わたしたちが転ばずに歩けたり、乗り物が移動するのも、重力によってずいぶん助けられているのです。ことに多くの**スポーツでは重力が重要な役割を担っています。**走り高跳びや走り幅跳び、投てき競技などは明らかに重力との対決ですし、バスケットボール、バレーボール、卓球や水泳なども重力がないと成り立ちません。

ところで、頭の体操で「無重力スポーツ」を考

日常現象はほとんど電磁気力

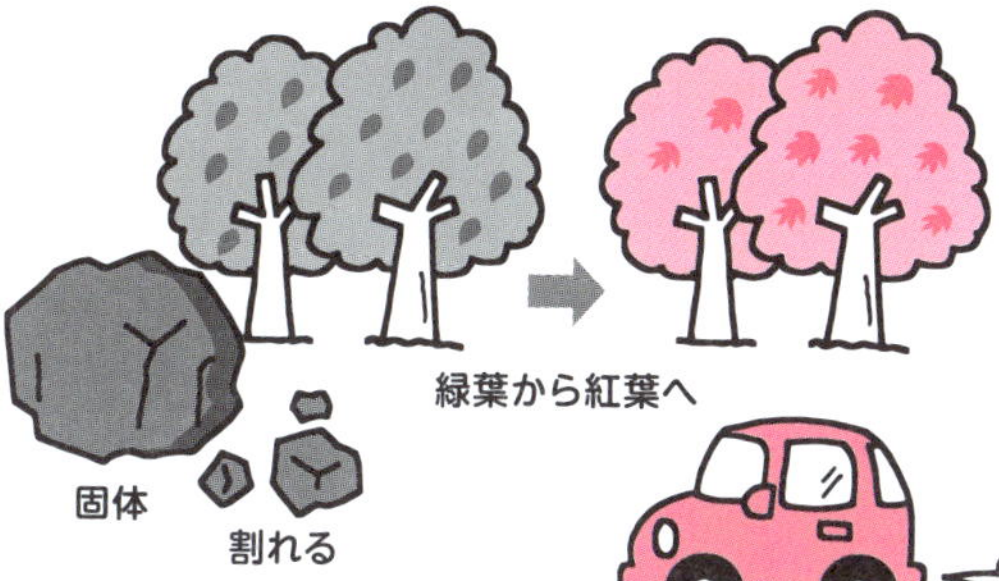

「電磁気力」(Electromagnetic Force)とは電磁相互作用ともいう。電子やイオンのような電荷を持ったものにかかる力や磁石やコイルにかかる力はすべて電磁気力。プラスマイナスやN、S極があるから引き合ったり、反発もする。

重力が重要なスポーツ

「重力」(Gravitational Force) とは質量を持つもの同士が引き合う力のこと。そのため質量のある物体(ボールや槍など) が大きな質量をもつ地球に引き寄せられる。その力は物体の質量と地球の質量に比例する。月で重力が小さくなるのは、自分の質量は地球にいるときと変わらないが、月の質量が地球よりもかなり小さいためである。

えてみてはいかがですか。ボールはどこまでも飛んでいき、回転すると止まらない。宇宙人とスポーツ交流するには、そんなシミュレーションが必要になるのかも……。

この世の中で起こっている物理的現象のほとんどは、電磁気力が支配しているというよ。電磁気力は電気力と磁力のことだ。考えたこともなかったけど、ものに触ったり動かしたりするときには電磁気力が働いているんだって。とにかく、体はもちろん、いろんな物質は数え切れないほどの原子でできていて、原子核の周りを電子が回っているから、何かに触ったりするとそれらが反応するらしい。つまり、それが電磁気力なんだね。

手のひらとボールの間にも電磁気力!

11 基礎物理と応用物理の共同作業で新発見が！

物理学には**「基礎物理学」**と**「応用物理学」**があります。物理学者がよく使う用語の1つです。

基礎物理学とは「なんでそうなっているのか」を追求することです。世界がどうつくられているのか知りたい、眼の前に現れたこのふしぎを解き明かしたいと研究します。一見、量子物理学の世界は、わたしたちの世界と大きく違うように見える。このふしぎはどこから来るのか、それともそれほどふしぎなことではなく、きれいに説明ができれば、実はとても単純なものではないのか。このような問いに答えていくのが基礎物理学です。

応用物理学は、文字通り物理学を応用してみること、つまり、**「基礎物理学で見つかったものを使って、役に立つものをつくり上げていく」こと**です。応用物理学が進展すると、省エネだったり、便利さだったり、小型になったりなどというように、わたしたちが日ごろの生活で使うものが、どんどん進化していきます。

昔の電話は話すことしかできなくて、それも壁から出ている電話線（ケーブル）につながっていたので、そこからしか掛けられない・画像も送れない・持ち歩くこともできない・友だちの家に電話すると家族が出るなどがふつうでした。それがスマホの開発にによって、どこからでも直接相手に電話ができ、インターネットやお金の支払いやゲームも楽しめるような便利な道具となったわけです。これらはみな応用物理学のおかげです。

そのため、**応用物理学のほうがわたしたちの生活を便利にしているように見える**かもしれませんが、実際は、その前に**基礎物理学でいろいろなふしぎが解き明かされている**からできることなのです。

大工さんに例えると、**基礎物理学は大工さんの使える新しい道具をつくることです。応用物理学はその道具で新しく何をつくろうかと考えること**です。新しい道具とその道具を使った新しいアイデアの両方があるからこそ、大工さんはこれまでとは違った物がつくれるようになるのです。**物理学が世界を変えていくためには、基礎物理学と応用物理学が二人三脚で研究されることが大切**というわけです。

欠かせない基礎物理と応用物理の関係

「基礎物理」も「応用物理」もどちらも欠かすことができない。基礎物理学と応用物理学の共同作業が新しい発見やデバイスにつながる。

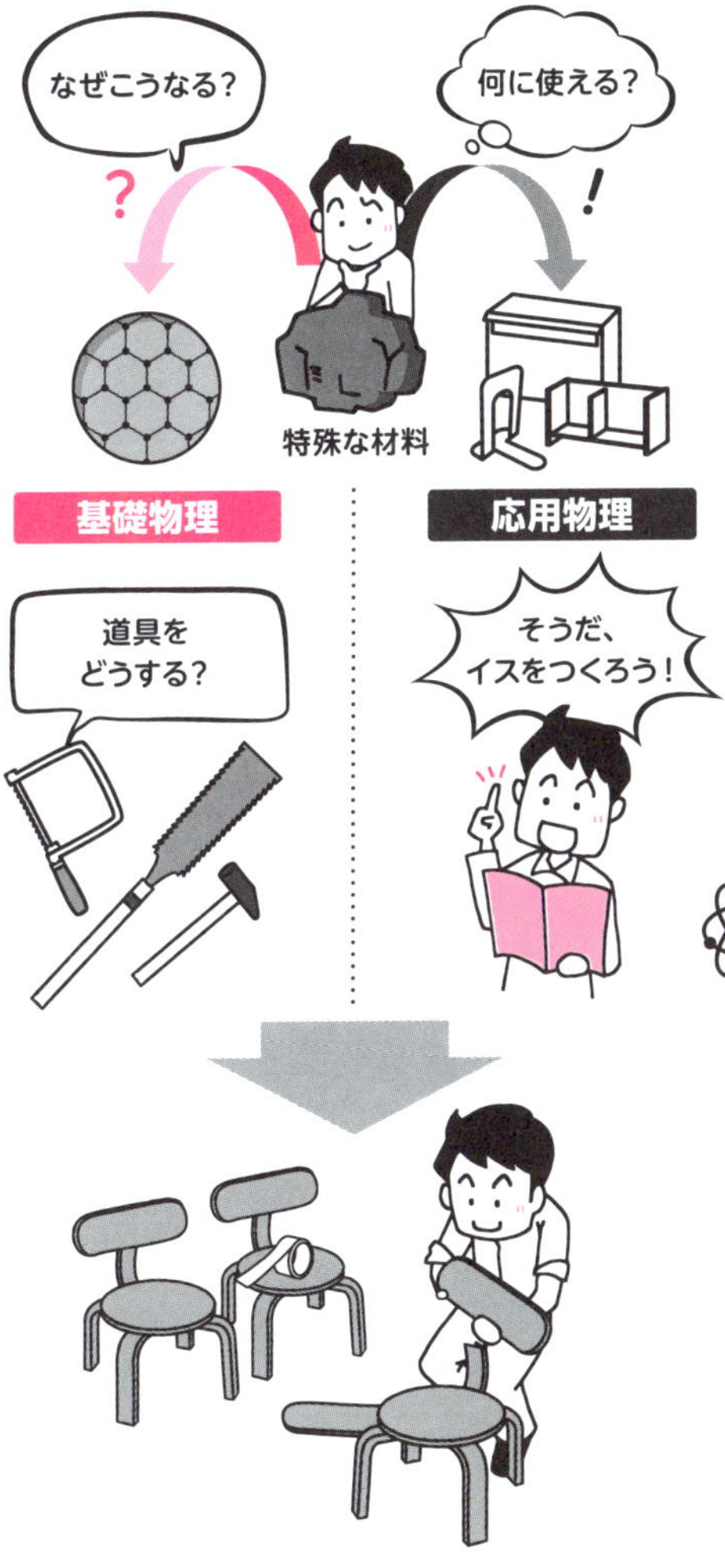

「基礎物理」と「応用物理」の関係って、切っても切れない間柄なんだね。基礎物理学がなければ、物質の本質はわからないし、応用物理学だけでは、新しい何かをつくろうとしてもつくれない。たとえば、ノーベル賞は基礎物理学だけを評価していると思っているかもしれないけど、実は応用物理学の受賞もあるんだよ。無線通信（1909年）やホログラフィー（1971年）、光ファイバー（2009年）などは有名な応用物理学の受賞だね。

12

現代物理学の謎「時間の矢」は解明できるか？

基礎物理学には一見単純そうでもなかなか解けない問題がたくさんあります。その1つが**「時間の矢」の問題**です。

ふつう、時間とは、過去から未来へ進むのが当然と思われています。ところが、**量子力学にも相対性理論にも、物理学の法則の中には「未来から過去には戻れない」とは、どこにも書かれていません**。それどころか、かえって**「過去から未来、もしくは未来から過去のどちらに進んでもいい」と書いてある**のです。

たとえば、次ページの図に見るようにキャッチボールの様子をビデオに撮って逆回しにすると、面白いことにボールの飛んでいる様子は、どちらも同じ放物線であまり不自然ではありません。これは**「時間がどちらに進んでも物理法則は同じ」**ですよ、ということを表しています。

では、同じように消しゴムを机で滑らせているところをビデオに撮るとどうでしょう。逆回しをすると止まっている消しゴムが突然ビューンと動き出します。この映像は不自然です。ということは、消しゴムが机で逆に滑っている動きには**「未来から過去に戻ってはダメ！」という物理が潜んでいる**わけです。量子力学にも相対性理論にも「ビデオを逆回しにしても同じように見えて、違和感はないよ」と書いてあるのに、消しゴムの例のように、わたしたちの**生活には逆回しするとおかしく見える現象があふれています**。

これらの現象は、一見ありふれた日常なのに、いまだ解明されていません。**時間はなぜ未来にしか進めないのか、それこそ現代物理学が立ち向かう大きな謎の1つ**となっています。

　1つ、「時間の矢」が解けたと空想してみようか。太陽は燃えながら、地球へ膨大な量のエネルギーを送っているよね。でも、50億年後には燃え尽きると予測されているんだ。理論計算では太陽の寿命は100億年ほどで、いま太陽はほぼ50億歳ぐらい。なので、寿命はあと50億年というわけ。

　でも、空想したように、もし「時間の矢」の問題が解けたら、ひょっとしたら時間を逆回しにして太陽を充電できる日が来るのかもしれない。そうなると地球はどうなるんだろうね。

物理法則による時間の過去と未来

進む時間はどちらでも同じだ！

未来から過去に戻っちゃダメ！

時間を逆回しでできたら

「時間の矢」の解明はむずかしい。物理法則では過去でも未来でも時間はどちらに進んでもいい、となっているのに、現実にはわたしたちは過去には戻れない。「時間はなぜ未来にしか進めないのか」、この難問を解くにはまだまだ時間がかかるのかもしれません。

13 現代物理学の謎「生命現象」と量子力学効果？

量子力学は、よく**「小さい世界のルール」**と考えられています。この考え方は間違ってはいないのですが、もう少していねいにいうと**「小さい世界で見えやすいルール」**です。つまり、**電子や原子のような小さな世界では、量子力学の大活躍が簡単に観測**されているわけです。

では、大きなものは量子力学に従わないかというと、そうでもないことがわかってきています。**大きなものでも量子力学的に振る舞うことが知られてきた**からですが、それどころか、わたしたち**人間や動物などの生命体は、さまざまなところで量子力学的な現象をうまく利用しているのではないか**、という考え方が近年議論されるようになってきました。

そうした考えは、渡り鳥が地球の弱い磁場を敏感にとらえて正確に飛ぶ方向を決めたり、ふつうでは説明できないほどの高い効率で光合成や呼吸を植物や動物が行っていることに着目して議論されてきました。つまり、**生命が進化の過程において量子効果をうまく体内に取り込んだ結果**ではないか、と考えられるようになってきたわけです。**生命体は、おそらくわたしたち人類が量子力学を発見する何万年も何億年も前からそれを知っていたのかも**しれません。

といっても、量子力学的効果がどのように生命体とかかわってきたか、それらがどのように体内で使われているのかなどの詳細は、まだまだはっきりとはわかっていない部分が多いのです。

そこで現在、**量子力学を通して生命現象の謎に迫る研究が、世界的に進められるようになり**ました。「時間の矢」もそうですが、こうした研究も量子力学の抱える重要なテーマの1つなのです。

植物の光合成のシステム

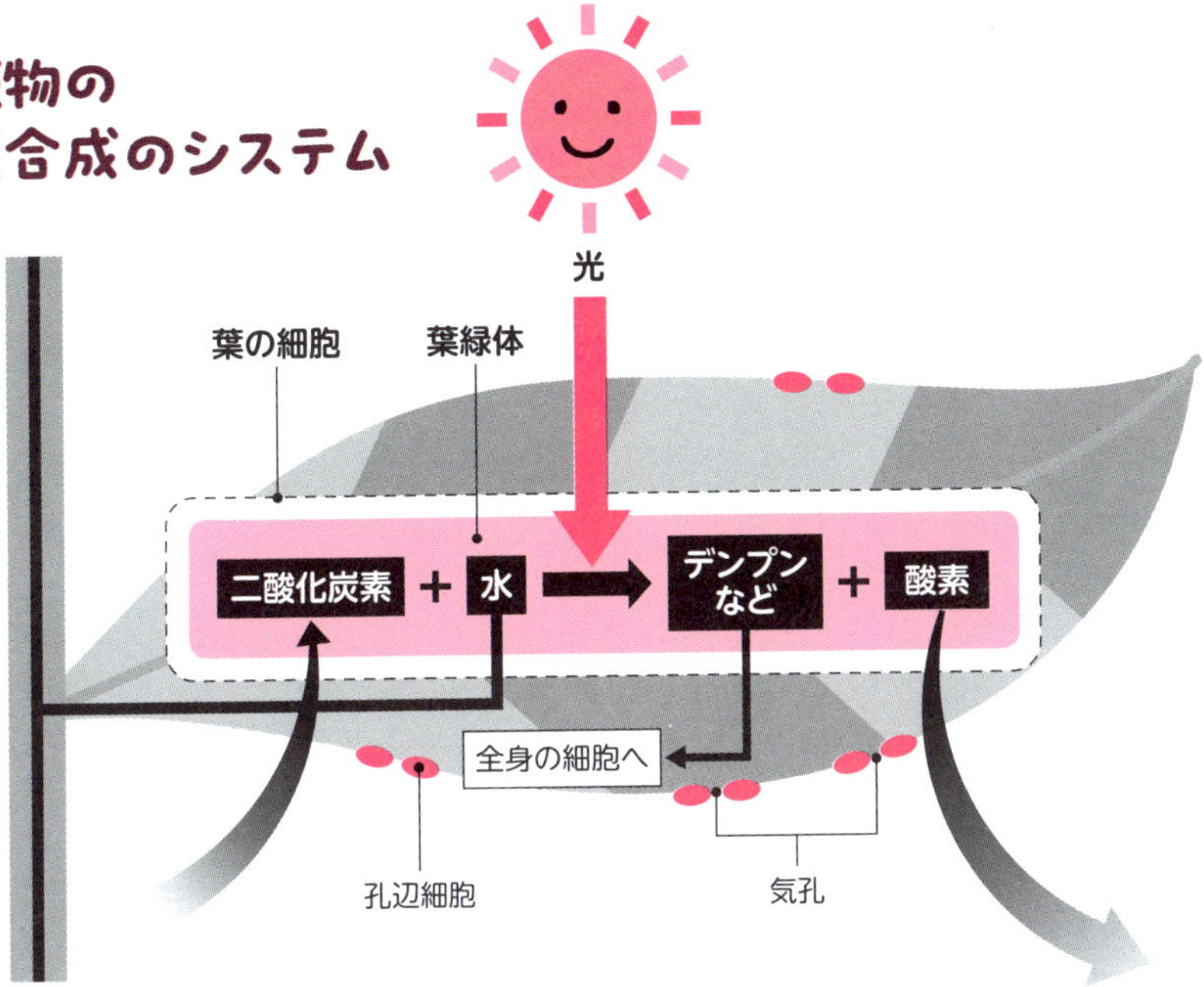

植物にとって光合成とは二酸化炭素を取り入れて酸素を吐き出すためのものではない。二酸化炭素と水を利用して、植物の養分となるデンプンなどを産生するためだ。酸素は光合成の過程でついでにできるために放出する。そして、最近ではこれら光合成は量子力学的な効果を利用していると考えられている。

「量子生物学」という分野があるんだよ。すごく小さな効果だと思われている量子の効果が、すごく大きな、たとえば僕たちのような生物に対して、どのような影響があるかを研究する分野が「量子生物学」なんだ。量子生物学で最近注目されている研究は、植物などの光合成や動物の地磁気認識などだというよ。量子力学のことばで生物の活動を説明しようというわけだね。

植物の光合成や渡り鳥の飛行は量子力学効果のおかげらしい……

COLUMN⑥

知らないことを知ることの大切さ！

みなさんの多くは物理学者というと、「一般の人よりも物理のことをとてもよくわかっている人」という印象を持っていることでしょう。または「一般の人よりも物理でわからないことの少ない人」と思われるかもしれません。

ですが、実はそれは間違いです。みなさんを含め、一般の人はとてもたくさんの物理学を実は既に学校で習って知っています。電気が電球を光らせたり、重力が物体を地球につなぎ止めていたり、空が青いことも夕焼けが赤いことも、そんないろいろな現象を誰もが知っています。学校の勉強で覚えたことだけではありません。日常の観察からもみなさんはたくさん知っています。寒いときは手をこすり合わせると熱が出て温かくなることや、眩《まぶ》しいときはまぶたを少し下げると眩しさが緩和することなどもです。わたしたち物理学者は、たぶんみなさんよりも少しは物理のことをわかっているかもしれませんが、そんなに大した量ではないのです。

次に、みなさんよりもわたしたち物理学者が、物理について知らないことがどれくらいあるかについて質問してみましょう。みなさんよりもわたしたち物理学者が物理について知らないことがどれくらいあるかというと、それはおそらく何倍、いや何十倍も何百倍もあるかもしれません。ふしぎに聞こえるでしょう。

でも、そうなのです。物理学者になるというのは、「たくさんの知らないことを知っている」ということなのです。というのも、まず「何を知らないか」を知らなければ、それを研究して最終的に知ることができません。

たくさんの勉強と観察から、わたしたちがまず目指すのは、たくさんの疑問を持ち、たくさんの質問をすることです。そして、その質問のほとんどが解決しません。わたしたち物理学者が知っていることはみなさんより、ほんの少し多いだけです。

でも、物理に関する「知らないこと」を知っている数では絶対に負けません。そして、その多くの疑問と質問を常に抱えながら、頑張って研究すると、そのうちの問題の1つが解決します。それが1年間かかるときもあれば、10年かかるときもあります（その間にも知らないことが、つぎつぎと増えていくのですが……）。残念ながら解決したものがつまらない結果のときもあれば、世紀の大発見のときもあります。

もしみなさんが物理学者を目指すのなら、まず「知らないこと」をたくさん増やしましょう。「知らないことをたくさん知っている」人ほど、実はすぐれた物理学者なのです。

あとがきに替えて

Nēpālī bōlnuhuncha?（ネパール語を話されますか？）と突然道端で聞かれても、たぶんほとんどの人が何もできないでしょう。

そうです、人類はさまざまな言語や文化をこれまで築いてきました。言葉以外にもフォークや箸、布団やベッドのように、生活の基本的なところでさえも文化により大きな違いがあります。

それが宇宙人であればどうでしょう？　わたしたちは声を出して音で話しますが、宇宙人はホタルのように光で話すかもしれない。数字も違えば食べ物（食べないかもしれない）や生活様式もまったく違うはずです。きっと宇宙人とは全然コミュニケーションが取れないでしょう。

しかし、わたしたちにはこの宇宙人とも共通なものがあります。それは「物理法則」です。物理法則は「いつでも、どこでも同じ」です。少なくともその前提でほとんどの物理学が構築されています。何万光年彼方にある星の上でも、りんごは木から下に落ちます。みなさんがこの本で読んだ量子の法則もまったく同じです。いまどこかの星で宇宙人が手に持っている原子の構造は、地球のものと完全に同じなのです。将来、高性能翻訳機ができて、途方に暮れている宇宙人と何かの機会に話せたとしたら、「量子トンネル効果を知っていますか?」とやさしく聞いてあげましょう。向こうは地球人との初めての共通項に涙を流して喜ぶことでしょう。

物理法則を学ぶということは、この世界の普遍的な法則を学ぶということです。クオークのような微小なものから銀河のようなとてつもなく大きなものまで、この世の中は「物」でできています。それらは普遍的な物理法則によって支配され、さまざまな構造や自然現象としてその姿をわたしたちの前に現わします。そして、人類はそれらの物理法則を用いることで、いろいろな形で自然を「操る」術をも手に入れてきました。また、このような物理学の理解は、感情や意識を持ちつつも「物」である人類の存在や哲学的な諸問題についても数々の疑問を投げかけてきました。

2025年は「量子力学」誕生からちょうど100年の記念の年です。ある意味、とても直感的にわかりづらく、不思議の多い量子力学はたくさんの偉人によって切り開かれ、その普遍的なルールとともに、量子コンピュータなどが活躍する新しい世界を、いまわたしたちの前に見せてくれようとしています。小さな量子が創り出す未来、また宇宙の果てまで通用する世界の普遍性、そのような実感を本書で少しでもみなさんに味わっていただければ幸いです。

2024年11月

久富 隆佑
やまざき れきしゅう

著者紹介

久富 隆佑（ひさとみ りゅうすけ）

神奈川県横浜市生まれ。東京工業大学理学部物理学科卒業、東京大学大学院工学系研究科物理工学専攻（博士課程前期・後期）修了。工学博士。東京大学先端科学技術研究センター 特任研究員を経て、現在、京都大学化学研究所 助教。最近の悩み：ゲージが何かわからない。

やまざき れきしゅう

北海道生まれ。Goshen College (Bachelor of Arts), Purdue University (Master of Science in Physics, Ph.D. in Physics)。 大阪大学大学院基礎工学研究科 特別研究員、京都大学大学院理学研究科 特別研究員、東京大学先端科学技術研究センター助教、特任講師を経て、現在国際基督教大学（ICU）准教授。嫌いな野菜：えだまめ。

編集／米田正基（エディテ100）
ブックデザイン・イラスト／室井明浩（studio EYE'S）

眠《ねむ》れなくなるほど面白《おもしろ》い
図解《ずかい》 量子《りょうし》の話《はなし》

2024年12月10日 第1刷発行
2025年 5 月 1 日 第3刷発行

著 者 久富《ひさとみ》 隆佑《りゅうすけ》
やまざき れきしゅう
発行者 竹村 響
印刷所 株式会社 光邦
製本所 株式会社 光邦
発行所 株式会社 日本文芸社
〒100-0003 東京都千代田区一ツ橋1-1-1 パレスサイドビル8F

Printed in Japan 112241127-112250421 Ⓝ 03 (300081)
ISBN978-4-537-22242-5

（編集担当 坂）